U0344022

中国牡丹

中国人民政治协商会议山东省菏泽市委员会　编

中国民族文化出版社
北　京

序

　　牡丹是原产于中国的著名花卉，它花型硕大、姿态艳丽，唐宋以来，为士庶阶层所共赏。牡丹也是中国花文化最为集中的象物，在它身上承载了中国传统文化无比丰富的精神内容。古人喜欢以物比德，所以，金、铁、玉、石以喻君子之坚韧，梅、兰、竹、菊以喻君子之高情。然而，花之于牡丹，则兼有上述之德。牡丹生于山野，故劲枝道干，尽逞其刚；牡丹竞放于晴日，故娇花嫩蕊，不掩其柔。因此，欧阳修才说，牡丹得天地中和之气，有不偏不倚之德。所以，牡丹之德是中国传统儒家理想中君子人格的全面、高度的体现，不再是古代士君子所单方面追求的清高、幽独、气节、孤傲等品格的象征。而其贵重、谦和、温润、刚正等品格，更是儒家道德伦理的表现。以传统儒家理想道德伦理为底色，牡丹文化又呈现出多姿多彩的特点，我们把它概括为格、意、情、韵四个方面，是为牡丹精神品格之"四维"。

　　牡丹文化的形成和发展，经过了约一千四百年的风雨历程。它发端于唐朝的都城长安，五代至北宋，牡丹文化的中心转到了洛阳。明清以来，曹州成为名副其实的牡丹生产、观赏和销售中心，从而理所当然地成为牡丹文化的重镇，以至当时的文人称之为"胭脂国"。当然，四川彭州、安徽亳州、河南陈州、甘肃兰州等地区的牡丹，也都在特定的历史时期竞放光彩，为牡丹文化的发展和繁荣锦上添花。反思不同时期、不同地域所体现的牡丹文化，可以这样说：唐朝长安时期的牡丹文化，更多地具有皇家文化的色彩，它发源于宫苑，流行于街衢。虽然有士庶的参与，但总的色调却是朱红大紫、光彩耀目。中唐、北宋至五代以洛阳为代表的牡丹文化，更多地具有文人休闲的特征，其色调也开始变得雅致、清丽。宰相裴度、令狐楚都曾经在洛阳建有宅邸并栽以牡丹，想必分司东都的白居易也会如此。因为洛阳是远离长安的文人休闲之地，在致仕之后，这些文人有更多的闲情逸致来关注花花草草。明清时期曹州的牡丹文化，则更多地是平民化的，因为当时的人们栽种牡丹的目的一如种瓜种豆，这是他们的衣食所需。广泛的栽植、八方的流通，招致了四方喜好牡丹的文人雅士的注意，他们每每以获得或观赏到曹州牡丹为荣，所以，才有了"曹州牡丹甲天下"的美誉。

　　对比长安、洛阳、菏泽三地，它们都是历史文化非常厚重的所在。长安、洛阳自不必说，它们都是中国历史上著名的古都。菏泽地处中原，自古就是中国开发最早、土地条件最好、人口最稠密的地区。这里河川广布，人文资源丰富，为伏羲桑梓、尧舜故里。汉代以前，是中国经济的重心所在。所以，成汤在这里建北亳，刘邦在定陶践帝位，以致《汉书·地理志》称这里人有"先王之遗风"。所以，结合了深厚的人文历史的牡丹文化，是今天西安、洛阳、菏泽人民乃至全中国人民的共同财富，它所承载的丰富文化意涵，是我们应该努力挖掘和深度阐释的。

　　牡丹是一种文化符号，也是一种高经济价值的植物。我们的祖先很早就发现了牡丹的药用等价值，至今它仍然是中医防病治病的重要成分。除此之外，牡丹还成为重要的木本油料作物，牡丹花、牡丹籽还是重要的化妆品原料。所以，牡丹具有重要的审美价值，也具有重要的经济价值。本书之旨，在于进行牡丹审美的同时，阐释牡丹文化，普及牡丹知识，讲述牡丹故事。全书共分为《品格·牡丹》《生命·牡丹》《文学·牡丹》《艺术·牡丹》《风俗·牡丹》《财富·牡丹》六个部分，大体涵盖了牡丹文化的基本内容。

　　我们今天处在一个新的时代，正致力于推动构建人类命运共同体。因此，牡丹文化完全可以被赋予更新的含义。因为在百花之中，它温润端庄，谦和包容，多姿多彩，共存共荣，非常契合"万物并育而不相害，道并行而不相悖"的精神，是传统文化"和而不同、兼容并蓄"理想的象征，是新的世界充分尊重文化多样性，促进文化和谐共生的象征。承载着人们对美好社会理想的期盼，它也完全可以成为世界人民心中最美的花。是为序。

山东省菏泽市政协主席、党组书记　单立新

目 录 *Contents*

卷首语

你好，牡丹！

你是幽谷中走来的绝世丽人，风华绰约；你是尘世里让人仰视的高标君子，品格贵重。你孕苞于冬日，有梅之骨；你绽放于林下，有兰之幽；你劲枝遒干，有竹之刚；你秋日凌霜，有菊之傲；你温润秀洁，又有莲之净。一千年明艳繁华，你经历了风雨；一千年诗词吟诵，你也曾被人揶揄。然而，一千年韶华永驻，你不改美的初心。

你好，牡丹！

花开并蒂，你是幸福与和平的期盼；千重似束，你是团结与力量的象征；十色绚烂，你把青春张扬；馥郁芬芳，你把馨香远送。你是中国人寄寓了最丰富感情的名花，承载了无数人的喜怒哀乐、家国悲欢。"甚芳菲、绣得成团，砌合出、韶华好处"，人生得意的时候，你是放飞欢喜的媒介；"春淡淡，水悠悠，绮窗曾为牡丹留"，人生失意之时，你又是落寞意绪的见证；"日映疏疏影，风传冉冉香"，阖家团圆的时候，你是幸福的点缀；"自从丧乱减风情，两年不识花枝好"，颠沛流离的日子里，你又是思乡的寄凭。

你好，牡丹！

在花的世界里，你不是最先开放的那一朵，可在晴天丽日里，是你唱出春天最美的一支歌；在缤纷的花海中，你不是春天唯一的颜色，可在众芳竞妍中，是你邀梅约莲，共舞婆娑。因为嫉妒不是你的本性，包容才是你的品格。"叶概花姿天与真，松为好友石为邻"，牡丹，愿你永远品行高洁；"牡丹松桧一时栽，付与春风自在开"，牡丹，愿你永远与朋友同在！

落尽残红始吐芳，
佳名唤作百花王。
竞夸天下无双艳，
独立人间第一香。

唐·皮日休 《牡丹》

第一章

品格·牡丹

品格·牡丹

格

花王苗裔远　气格尚宏廓

中国人喜欢将名花人格化,在所有名花中,可以说牡丹具备儒家理想型君子人格,即持重、谦和、温润与刚正。在这里,持重的意思是坚毅、稳重,牡丹不怕贫瘠、苦寒,具有坚毅、稳重的品格。谦和的意思是谦逊、不争,牡丹开在晚春,它不愿与众芳争艳,所以,符合儒家人格理想中的"谦德"。温润的意思是温和、亲近,牡丹形象端庄,花瓣洁净柔和,有玉一般的质地,具有儒家君子的温和品质。刚正的意思是刚强、正直,牡丹对于栽培有特定的要求,如果委屈其本性进行栽种,牡丹就会死去,这就是刚直的品格。

牡丹花开艳丽,为世间"尤物",一直被称为富贵之花。在豪门巨富竞相追逐的唐代,确曾有"王侯家为牡丹贫"的事例。所以,白居易有过"一丛深色花,十户中人赋"(白居易《买花》)这样的感叹。但牡丹的贵重自持,并非一般意义上的价格昂贵,而是其品格的坚毅和稳重。这就是它耐高寒、耐贫瘠的坚韧秉性,还有它扎根于山野,经风雨而不易其性的沉静与稳重。牡丹最初大多生长在贫瘠的山间、高原,大都在海拔 1000 米以上的地方,原生紫牡丹、大花黄牡丹甚至生长在海拔超过3000 米的高原山区。它们默默地开放,不为人知,甚至于人们常常斫以为薪。可是就在贫瘠、寂寞和清寒之中,却孕育了牡丹的馨香与高贵,这也非常符合古人关于"艰难困苦,玉汝于成"的君子成长之路。这就是牡丹持重品格的含义。

牡丹开在百花之后，是春天离去时留给人们最难忘的关于花的记忆，这也成就了牡丹谦和、不争的品质。唐朝诗人殷文圭说："迟开都为让群芳，贵地栽成对玉堂。"（《赵侍郎看红白牡丹因寄杨状头赞图》）所以，牡丹晚开，是其谦和品格的重要体现。这种品格即所谓的"不争"，是儒家君子必备的。孔子曾经说："君子无所争，必也射乎！"除去射箭较艺之外，君子不与别人相争。因为古代君子，气质翩翩，在于以理服天下人，以道行人间事。君子修德以正身，"矜而不争，群而不党"（《论语·卫灵公》）。然而，牡丹开得迟，但仍改变不了其王者气质，所以，陆游的诗里说："牡丹底事开偏晚，本自无心独占春。"（《寄题王晋辅专春堂》）

　　牡丹形象端庄、温润，让人们联想到君子的温和品质。"言念君子，温其如玉"（《诗经·秦风·小戎》），古人以玉比德，是因为玉温润而有光泽。"君子无故，玉不去身"（《礼记·玉藻》），因为玉是君子温润之德的象征。牡丹花瓣洁净柔和，有玉一般的质地，在这一点上，牡丹与玉天生类似。所以，很多牡丹名花也都以玉为名。如冠世墨玉、玉翠蓝、玉板白、红玉楼、白玉、紫玉、绿玉、墨玉、冰清玉洁、清香白玉翠、白玉盘、紫兰玉、玉翠荷花、玉盘托金、玉楼点翠、紫线界玉、蓝田玉、玉盘等。正因为如此，君子的温和品质，与玉的温润光洁、牡丹的纯净鲜丽有同等意义。

宋代高承《事物纪原》中这样评价牡丹："是不特芳姿艳质足压群葩，而劲骨刚心尤高出万卉，安得以'富贵'一语概之！"意谓牡丹不只有压倒群芳的姿色，还有刚直不屈的本性，怎么是"富贵"二字可以概括得了的呢？清代人李渔则赞叹牡丹有"肮脏不回之本性"，即是说牡丹的本性就是刚直的。

牡丹为灌木植物，初生于苦寒贫瘠之地，但它株型疏朗、枝丫遒劲，而且牡丹栽培有方，不肯屈其本性。所谓"处以南面即生，俾之他向则死"（李渔《闲情偶寄·种植部·木本第一》，下同），即在种植牡丹的时候，让它正面朝南就会生长，朝其他方向就会死。也许其他的花还能受点委曲，牡丹决不肯通融，因而向我们展示了其刚正不阿的品质。武则天因为牡丹不按自己的意志在冬日开放，便将牡丹贬往洛阳的故事虽然只是一个传说，但比照牡丹不得其地不生、不得其时不开的本性，这样的传说也并非完全无据。民间关于牡丹仙子善良刚正的故事不胜枚举，这也许是人们更愿意把美丽、善良与正义结合，才生发了如此多的美好联想的原因。

　　牡丹的君子品格值得人们称道，其倔强的精神也令人动容。牡丹是肉质根植物，当它遭遇逆境或者根系无法吸收外部营养的时候，它会耗尽所有养分供给最后一朵花开放。让生命在慢慢的坚持中逝去，把最后的美丽留给春天和人间，这是怎样一种牺牲？

　　"国色春娇，不逐风前柳絮飘"（宋·曾觌《减字木兰花》），牡丹生于山野之间，它的贵重、刚正源自于它的本性和初心；"纷纷桃李自缭乱，牡丹得体能从容"（宋·释道潜《僧首然师院北轩观牡丹》），牡丹成长于晴天丽日之下，它的谦和、温润则是因为它得天地中和之气，并"持晚节"的表现。"从来品目压天下，百卉羞涩莫敢同"（宋·释道潜《僧首然师院北轩观牡丹》），所以，牡丹之格，是君子之格，王者之格。牡丹之所以为百花之王，是由其艳绝的姿色和高贵的品格所决定的。因此，牡丹之格是儒家"内圣外王"型君子品格的象征，是儒家理想君子人格全面、高度的体现。它不是只追求洁身自好、不染俗尘的君子品格，而是在追求自美品格之外，又有事功与兼济品格的映射。这种品格是具有现实意义的，它告诉我们，人生不能只留下高情俊德，还要留下奋斗和事业。所以，牡丹之格，是人生成功的品格。乾隆《牡丹》诗写得好："屈间陶宅不须此，只合江左伴谢安。"

意

忆得上林色　相看如故人

在中国文化中，很多事物都依据其本质特征，被赋予一定的文化象征意义。牡丹之意，便是指牡丹的意象、象征意义。牡丹是中国的名花，自从它走进人们的审美视野，便逐渐地被无数诗人、画家作为意象使用，从而使其象征意义丰富而多元。

在牡丹最初进入审美视野的唐代，人们更多追逐的是牡丹的形色之美。李正封的名句"国色朝酣酒，天香夜染衣"就是对牡丹美色和馨香的绝佳赞誉。在"花开花落二十日，一城之人皆若狂"（唐·白居易《牡丹芳》）的古都长安，奔走于寺庙园林间，人们看不够的就是牡丹花的姿色艳丽和花大如盘。虽然有人从中生发出对美好事物的珍惜以及人事衰荣的感慨，但如刘禹锡那样看重其格、重视其情的还是少数人。因此，唐人对牡丹的欣赏更多地停留在俗文化的层次上。宋人则不同，他们以貌取神，直就风雅，从而升华了牡丹文化的精神，甚至连前人赋予牡丹的富贵之义，都打上了雅化的标签，使牡丹所寓意的富贵，成为"柳絮池塘淡淡风"的人生境界。明清以来，牡丹诗词虽有众多的作者，但在牡丹意象的内涵上，依然承袭唐宋人的观念。

牡丹意象的主要象征意义有：

盛世太平。牡丹雍容富丽，大气华贵，是太平盛世人们青春豪迈、昂扬自信、积极进取的最好象征。古人把牡丹看成是天地生气的代表、国家气运的体现。因为怒放的牡丹展现出生命力量的强劲和旺盛，也蕴含着天地造化的玄妙之功。人们可以从中感

悟宇宙运行的真意，体会天人合一的大道、民胞物与的人文情怀。自唐以来，牡丹花事鼎盛、文化高涨的几个时期，都是太平盛世。无论是盛唐玄宗开元时期，中唐宣宗中兴时期，还是北宋仁宗"百年无事"时期，抑或是清朝康乾时代。"九重烟暖折槐芽，自是升平好物华"（唐·翁承赞《擢探花使三首》之二），"人人一朵牡丹春，四海太平呼万岁"（宋·方回《三月二十九夜二更杭火焚花巷寿安坊至四月一日寅卯止》），这正是俗语"太平花盛太平时，富贵花开富贵地"之意。

　　富贵荣华。从唐代开始，人们就把牡丹作为富贵荣华的象征。"径尺千余朵，人间有此花。"（唐·刘禹锡《浑侍中宅牡丹》）人们惊诧于牡丹的花大色艳，倍加珍惜上苍的无私赐予，当牡丹花开的时候，经常用锦帘绣幕加以保护，并用金盘贮之华屋，"障行施烂锦，屋贮用黄金"（宋·范镇《李才元寄示蜀中花图》），以至"秦陇州缘鹦鹉贵，王侯家为牡丹贫"（唐·王建《闲说》）。由于人们对牡丹的贵买、贵养、贵用和贵赏，因而造就了牡丹富贵花的名声。五代画家徐熙以牡丹为题材作《玉堂富贵图》，此后，牡丹作为富贵荣华的象征，愈益深入人心。而且，牡丹还日渐成为人生成功的象征，为上至帝王将相，下至士庶百姓所追捧。"小院风柔蛱蝶狂，透帘浑是牡丹香"（宋·赵佶《宫词其三一》），在诗人们眼中，富贵者、成功者每每与牡丹相伴。

青春美好。由于牡丹开在春季，加之牡丹形色娇媚、充满生机和朝气，因此，它也成为青春美好、少年得意以及人生风流的象征。齐己《湘中春兴》云："更无轻翠胜杨柳，尽觉秾华在牡丹。"秾华艳丽的牡丹，就像充满青春朝气的男女，同是韶华灿烂的时候。欧阳修被贬夷陵，但他说"曾是洛阳花下客，野芳虽晚不须嗟"（欧阳修《戏答元珍》），我已经看过了世间的牡丹花，其他山花野草即使看不到也就不值得叹息了。由于牡丹和人的青春、生命产生了联系，由此人们也经常在观看牡丹之时生发出很多人生的不同感慨："北地花开南地风，寄根还与客心同"（唐·张蠙《观江南牡丹》），"鬓从今日白，花似去年红"（唐·谦光《赏牡丹应教》）。

　　故国乡土。牡丹被作为故国乡土的象征，其实在它一走进人们的审美视野时就已见端倪了。舒元舆《牡丹赋》中说："天后之乡，西河也，有众香精舍，下有牡丹，其花特异。天后叹上苑之有阙，因命移植焉。"武则天把家乡的牡丹移植上苑，不只是"上苑之有阙"，其中一定有寄托乡思的念头。而牡丹作为乡思的象征，一直存在于后人的诗文中。宋代许景衡《吕子光惠牡丹》云："六年不见故园花，每到花时只自嗟。多谢故人分国艳，尚怜羁旅惜春华。"明朝何应瑞《牡丹限韵》也说："廿年梦想故园花，今到开时始在家。几许新名添旧谱，因多旧种变新芽。"牡丹由故园上升为故国的象征，则主要是在南宋以后。京、洛一带曾是北宋繁华的中心，靖康之变之后，这里便落入金人之手。被迫南渡的士大夫文人，常常以牡丹作为故国乡土的象征，表达惜花爱国之意。陈著《次韵洛阳秦庆父赟见》云："相逢交义重，一笑世情轻。问到牡丹外，凄然百感生。"陈与义的《咏牡丹》则更有代表性："一自胡尘入汉关，十年伊洛路漫漫。青墩溪畔龙钟客，独立东风看牡丹。"

品格·牡丹

情

陵晨新妆面　对客不语情

　　在中国人看来，花是有灵之物，也是有情之物。寄情于花是中国文化的传统，移情于花也是审美活动中必有的现象。牡丹之情，即指寄托在牡丹花上的种种人类情感。刘禹锡《赏牡丹》诗中说"池上芙蓉净少情"，话外之意就是说，牡丹有情、牡丹多情。的确，在众多的花卉中，牡丹寄寓了人们最多、最丰富的情感，也寄寓了普通人更多的美好理想：有人喻为君子，有人引为知己，有人视为红颜，有人作为兄弟，有人寄托乡思，有人感叹别离。没有一种花像牡丹这样与我们如此亲近，如此同声同气。所以，牡丹盛开之时，人们倾巢而动："三条九陌花时节，万户千车看牡丹。"（唐·徐凝《寄白司马》）牡丹凋零之际，也有人为之声声叹息："惆怅阶前红牡丹，晚来唯有两枝残。"（唐·白居易《惜牡丹花二首》）

　　舒元舆在《牡丹赋》中这样描写牡丹不同的情态：红的如朝阳，白的如皓月；淡雅类素土，浓烈胜鲜血；相向犹迎送，相背同诀别；开放的像在谈笑，含苞的像在鸣咽；俯视的似有无尽愁绪，仰望的似有无限喜悦，缠绕的似在起舞，侧身的似将摔跌；靠着的如在沉醉，弯着的如受挫折；密集的似是巧织，疏离的似有亏缺；鲜艳的如经洗涤，惨淡的如相离别。在体物言情方面，舒元舆可谓洞察秋毫，牡丹百态、人生情状，于此毕现。

　　明代兵部尚书苏祐写过一首《南宅牡丹》："载启花朝宴，中楼锦瑟张。高才非李白，异品有姚黄。日映疏疏影，风传冉冉香。言承环膝喜，春在含孙堂。"这首诗道尽了历经宦海波涛、晚年回归田园之后的喜悦：又到花朝节了，家宴开启，琴声盈耳，牡丹开放，儿孙绕膝。这就是传统中国人向往的古代富贵人家的生活，在这里，牡丹不只是诗人喜悦心情的点缀和衬托，它也有多子多福之意。

　　中唐元稹、白居易是一对被传为佳话的诗友，两人一起吟诗，一起赏花。因为仕宦和家事，元稹几次往返长安和洛阳。两人在长安时，经常同赏西明寺的牡丹，贞元二十年（804 年），元稹随岳父及新婚妻子韦丛赴东都洛阳，白居易一人来到西明寺看牡丹，写了这样一首诗："前年题名处，今日看花来。一作芸香吏，三见牡丹开。岂独花堪惜，方知老暗催。何况寻花伴，东都去未回。讵知红芳侧，春尽思悠哉。"（《西明寺牡丹花时忆元九》）诗中表达了对元稹的友谊和思念，并用双关的语言戏称随韦丛而去东都的元稹为"寻花伴"。

韵

桃李自缭乱　牡丹能从容

牡丹之韵，指牡丹的风致、情趣。中国古典审美文化注重事物品格、精神之美，但事物形态上的圆润丰盈之美，也常常被重视，唐代尤其如此。唐朝艺术以丰肥浓丽为审美取向，从留存下来的艺术作品中的美女形象就可以看出。无论这些女性是少女还是少妇，年龄是大还是小，大多面如满月、丰颊秀眉、腰肢圆浑，其装扮袒露而大胆。牡丹之美也是浓烈、大胆和毫不含蓄的，正好符合大唐人的审美心理，这也是牡丹在唐朝走进人们审美视野的重要缘由。宋代文化虽然理性、内敛，但对现实的沉浸和感叹依然是审美的主调。正如李泽厚所说："时代的精神已不在马上，而在闺房；不在世间，而在心境。"（《美的历程》）在这样的情形之下，态度雍容的牡丹，依然是追求理与韵的宋朝人眼中的最爱，他们从中生发出更为丰富的牡丹文化内涵，从而让牡丹的形象更加具有风致。

元明以降，牡丹审美更趋自然、雅致，明人薛凤翔在《亳州牡丹史》之《花之鉴》中称："花佳处亦有十等：曰精神、曰天然、曰娇媚、曰丰伟、曰温润、曰轻妙、曰香艳、曰飘逸、曰变态、曰耐残，各有攸当。"在薛凤翔所述以上牡丹"十韵"中，"精神"和"天然"可以作为对所有牡丹花神韵、风致的概括。"娇媚"和"丰伟"又可以作为牡丹美的两极，即阴柔的美和阳刚的美。

精神，指活跃，有生气。宋代邵雍早就提出了"花妙在精神"的观念。他在《善赏花吟》中说："人不善赏花，只爱花之貌。人或善赏花，只爱花之妙。花貌在颜色，颜色人可效。花妙在精神，精神人莫造。"他认为真正善于欣赏牡丹的人，绝不仅仅是耳目之娱，一定会从牡丹的怒放之中，体会天地生气，并领悟"生生之谓易"的无穷妙理。

　　天然，指事物自然生成的、不加修饰的本色。牡丹之美便是不加修饰的天然之美，这种美，亦即美学上所谓的"清水出芙蓉，天然去雕饰"的自然之美。与人工雕饰的美相比，它鬼描神画、无可挑剔，一枝一叶、一颦一笑，都无限合理而又风韵天然。乾隆《牡丹》云："叶概花姿天与真，松为好友石为邻。可知气韵饶群卉，肯以容华媚主人。蝶醉未醒风似麝，僧参初定月如银。凭轩不杂笙歌赏，恐使清标渐染尘。"

娇媚，原是指姿貌、声音柔美动人，这里多用来形容牡丹含苞初放之际的神态。牡丹花开艳丽，但将要开放的牡丹犹如欲说还羞的少女。唐代诗人王贞白《白牡丹》诗写道："谷雨洗纤素，裁为白牡丹。异香开玉合，轻粉泥银盘。"此时的牡丹花瓣就像是少女用纤纤玉手刚刚剪裁出来，又像是刚刚涂过轻粉的银盘，散发着幽幽的香气，娇羞之态不掩其动人之姿。所以，唐人罗隐又诗云："若教解语应倾国，任是无情亦动人。"（《牡丹花》）

　　丰伟，原来形容人身体丰满魁梧，这里形容千叶牡丹的丰满厚重，具有阳刚之气。白居易《牡丹芳》云："秾姿贵彩信奇绝，杂卉乱花无比方。"诸花常常被比喻为女性，然而牡丹则不同，在象征女性艳丽娇媚的同时，也偶被人赋予阳刚之义："品格高低各自春，大如玉斗满如轮。前贤曾谱花王说，唯有姚黄始是真。"（宋·姜特立《和巩宰送牡丹三首》之三）乾隆更是把它比作山间隐士和寺院浮屠："夏前春后每云仍，衣白山人衣紫僧。"（《牡丹》）

第二章

生命·牡丹

发现

径尺千余朵　人间有此花

　　牡丹，又称木芍药、鼠姑、鹿韭等，为落叶灌木。关于牡丹的产地，《神农本草经》说牡丹出巴郡。巴郡为今重庆市，可见古代四川、重庆山区多野生牡丹。欧阳修《洛阳牡丹记》这样描述牡丹的发现：牡丹最初不见文字记载，只以药名被记录在《神农本草经》中。在各种花卉之中，也不怎么出名。在丹州（今宜川）、延州（今延安）西部，还有褒斜道，牡丹跟荆棘没有什么两样，当地人都砍来当柴烧。欧阳修还称，除当时的丹州、延州之外，青州和越州等地也出产牡丹。由此可见，牡丹在我国很多地方都有发现，是一种比较普遍的植物。然而，由于地理环境和人居环境等的改变，野生牡丹分布的区域，已经很难让人搞清楚了。而且，欧阳修的意思更多是说唐宋时期以上这些地方都有牡丹种植，也并非指原生牡丹品种一定产于这些地区。根据很多牡丹学者研究、调查，今天发现的野生牡丹种群主要分布在我国的中部、西南和西北部。

　　谁最早发现了牡丹？尝遍百草的神农氏最有可能。即便不是他，我们祖先也往往把与农业种植相关的各种发现和发明都归功于他，因为最早发现牡丹的人并没有记载。是谁最早记录了牡丹呢？"牡丹"一词最早见于汉魏时期的文献，《神农本草经》《黄帝内经》和崔豹的《古今注》都有"牡丹"一词出现，但它还不是对牡丹这种植物的固定称谓。可以这样说，"牡丹"一词虽然出现于汉魏，但作为流行的词汇称呼我们今天所说的这种植物，还是从唐朝开始，唐代以后，其他指称牡丹的概念逐渐罕用，而"牡丹"则扬名天下。

　　牡丹引起人们关注，最初是因为它的药用价值。牡丹入药的历史非常悠久，1972年甘肃武威东汉墓中发现的医简中已有牡丹入药的记载，而且在有关的简牍中，已经称之为"牡丹"。然而，在此后直到唐前的很多文献中，人们却很少看到"牡丹"这样的称谓。至于牡丹何以命名为牡丹，历史上更是少有人关心。明朝李时珍在《本草纲目》中这样说：牡丹以花色红艳的为上品，又因为它虽然结籽，但又可以从根上生苗，单独繁殖，所以就叫它牡丹了。但这种说法总让人觉得有些望文生义，其实牡丹得名，缘于人们对牡丹这种植物的逐步认识。因为"牡"是指生物的雄性，"丹"是红色的意思。大概因为此花可以通过根出条进行单独繁殖，并且作为药用的根皮泛红色，幼芽也多为红色，或者，花色也以红艳者为上品，人们便称之为牡丹了。

牡丹又是怎样进入人们的审美视野的呢？欧阳修《洛阳牡丹记》中，记载了名花魏紫的来历，或许对我们有所启示。魏紫属于千叶肉红花，出于宰相魏仁浦家。魏紫最初自然也不叫魏紫，据说，有一个砍柴的人在寿安山中看到了这种花，把它献给了魏仁浦，经过魏家的辛勤培育，逐渐成为花大如盘、千叶莹洁的名贵品种，后人便叫这种花为魏紫了。另外，北宋元祐中有一个叫孟三郎的人，于山中挖得一株红牡丹，宰相文彦博把它栽于家中，精心培育。这两条记载虽然都是宋代牡丹名品被驯化和培植的故事，但此前牡丹名花的发现和培育与此相同，它们走入人们视野的路径也相同。按照现代科技的理念，应是"基因突变"产生了最初的观赏牡丹。最早进入审美视野的应是东汉大画家顾恺之的《洛神赋图》中牡丹的应用。

生命 · 牡丹

种群

妍姿朝景里　香浓发几丛

在植物分类上，牡丹是隶属于植物界被子植物门（Angiospermae）双子叶植物纲（Dicotyledoneae）芍药科（Paconiaceae）芍药属（Paeonia）的植物。但是关于芍药科（属）的系统发育位置至今在学术界有争议，有人认为它属于毛莨目（Ranales），有人认为属于五桠果目（Dilleniales）或其他位置，而且越来越多的学者把它提升为芍药目（Paeoniales）。芍药属植物包括木本的牡丹与草本的芍药两大类，其中牡丹全部属于牡丹组（sect.Moutan）。而芍药则包括在芍药组（Sect.Paeonia）与北美芍药组（Sect.Onaepia）内。我们通常说的"牡丹"一词有多种含义，可以是指牡丹组（sect.Moutan）的所有种类，或者是笼统地指牡丹组（sect.Moutan）的任何种类，不特指某一物种，或者是指广泛栽培的各种观赏牡丹、药用牡丹和油用牡丹。另外，我们经常从栽培历史及文化意义上讲的牡丹，是指起源于我国的栽培观赏牡丹的集体名称，包括许多不同花色花型的品种，统一的学名就是牡丹（P.suffruticosa），实际就是传统栽培牡丹的总称。

牡丹野生种全部原产于中国，因此，中国不仅是牡丹资源的分布中心，而且也是栽培起源中心。在牡丹组内先后发表了 10 多个物种学名和一些亚种名称。（注：北京林业大学成仿云教授提供野生牡丹图片）

矮牡丹（稷山牡丹）（P. jishanensis）

矮牡丹被认为是我国最早、最广泛栽植的园艺品种的主要起源种之一。矮牡丹株丛低矮，二回三出羽状复叶，小叶 9–15 枚，形状多样。花单生枝顶，白色或粉红色。花丝暗紫红色，近顶部白色。花盘与花丝同色，柱头暗紫红色。花期 4 月下旬至 5 月上旬。分布于山西、陕西等地，生长于海拔 1200–1500 米的灌木丛中。

杨山牡丹（P.ostii）

　　杨山牡丹植株较高大，二回羽状复叶，小叶 15 枚，狭卵状披针形至狭长卵形，侧小叶全缘，顶小叶偶有二或三裂。花部特征与矮牡丹相同，花期 4 月。主要分布于湖北西南部、湖南西北部、安徽南部以及陕西秦岭山区。在河南主要分布于嵩县的杨山、西峡及宝天墁一带，生长于海拔 1200–1600 米的疏林下或山坡灌木丛中。事实上，该种的野生植株已经非常少见，但它的栽培类型通常称为"凤丹"，是栽培最广、应用最多的药用与油用牡丹。

紫斑牡丹（P.rockii）

紫斑牡丹是我国西北地区园艺品种的主要起源种之一。紫斑牡丹植株高大，二至三回羽状复叶，小叶多而狭，可达18枚以上。花白色，花瓣腹面有明显的大形紫黑色斑块。主要分布于陕甘黄土高原林区、秦巴山区、陕西南部、四川北部、湖北神农架林区，生长于海拔900—2800米的阳坡、半阳坡及阴坡丛林、疏林下灌木丛及干旱的岩石缝中。

四川牡丹（P. decomposita）

四川牡丹株丛较高大，三回（稀四回）羽状复叶，小叶片较多，可达30枚以上。花浅粉色，花丝白色，花盘浅杯状，与花丝同色，花期4月下旬至6月上旬。野生分布仅见于四川西北部马尔康市马尔康镇、松岗及金川马尔邦一带。生长于海拔2400~3100米的山坡、河边草地或丛林中。

紫牡丹（P. delavayi Franch）

　　紫牡丹株丛低矮，当年生小枝暗紫红色。二回三出羽状复叶，叶片阔卵形或卵形，羽状分裂，裂片披针形。花2—5朵，生于枝顶和叶腋，花红至紫红色，花丝深紫色，盘肉质，柱头紫红，花期5月。分布于云南丽江、永宁、鹤庆、德钦、中甸等地，川西南部以及藏东南部也有分布，生长于海拔2300—3700米的杂木林下或山地阳坡灌木丛、草丛中。该种有两个变种：黄牡丹和狭叶牡丹。

大花黄牡丹（P. ludlowii）

　　大花黄牡丹植株高大，最高可达3.5米。叶为二回三出复叶。花3—4朵生枝顶或叶腋，花瓣、花丝、花盘均为淡黄色，花期4—5月。野生分布于西藏东南部的林芝、米林一带，生长在海拔2700—3300米的坡地。

生命·牡丹

花色

亚心堆胜被　美色艳于莲

景玉

昆山夜光

牡丹之美，首先在于花色与花型，唐代诗人薛能诗中称牡丹"亚心堆胜被，美色艳于莲"（《牡丹四首》其一）。牡丹花开锦绣，千层似被，它美艳的容貌，是作为冷美人的莲花无法比拟的。因此，当有人用陶制器皿装盛这些美艳的牡丹花的时候，他有点生气了，"异色禀陶甄，常疑主者偏"。主人怎么如此偏心？让名贵的牡丹屈身于陶甄瓦缶之中。所以，从审美的层次上看，花色是牡丹的重要观赏性状。从生物学上讲，牡丹的花色由花瓣内花青苷、黄酮和黄酮醇苷这三类花色素决定。其中白色花不含花青素，深红色的含花青素最多，花青素含量的多少决定着花瓣颜色的深浅。野生牡丹的花色比较单调，仅有白色、粉色、黄色和褐紫色。园艺栽培品种花色较丰富，按传统观点，牡丹花色可分为白色、粉色、红色、黄色、蓝色、绿色、紫色、黑色和复色共9个系列。

牡丹品种各色系内部还有深浅、明暗等差异，花瓣上还会有彩色斑点、条纹等，所有的一切造就了牡丹成为花大色艳、五彩斑斓的奇葩。

在这九大牡丹色系里面，白色系、粉色系、红色系抗性强，繁殖容易，多为常见品种。黑色系、绿色系、黄色系品种繁殖困难，抗逆性差，多为珍贵品种。

白光司

白色系

　　白色系品种占到全部品种的 10% 左右，主要品种有"景玉""香玉""莲鹤""五大洲""夜光白""白玉盘""亭亭玉立"等。

青龙盘翠

粉色系

　　粉色系也是牡丹色系里一大分支，品种占全部品种的 15% 左右，如"赵粉""圣代""贵妃插翠""玉面桃花""楼兰美人""八千代椿"等。

桃红巧对

粉面桃花

青照似品红

红色系

　　红色系是牡丹色系最大的家族，占到全部品种数的 40% 左右。如"花王""芳纪""迎日红""金奖红""首案红""火炼金丹""春红娇艳"等。

春红娇艳

掌花案

黄色系

黄色品种也比较稀有，20 个左右，主要有"姚黄""海黄""金阁""黄冠""金桂飘香""金玉交章"等。

海黄

姚黄

黄花魁

大朵蓝

青翠兰

蓝色系

　　牡丹实际上并无真正的蓝色，所谓的蓝色其实为粉蓝色，如"彩绘""蓝田玉""紫蓝魁""蓝宝石""雨后风光"等。

蓝田玉

绿色系

　　绿色品种牡丹较少，10个左右，如"豆绿""绿玉""春柳""绿香球""春水绿波"等。

豆绿

荷花绿

绿香球

大展宏图

葛巾

紫色系

紫色系品种主要有"魏
紫""镰田锦""葛巾紫""大
藤锦"等。

紫云仙

初乌

黑色系

牡丹实际上并无真正的黑色，所谓的黑牡丹其实为墨紫色，黑色系牡丹有"初乌""黑豹""烟龙紫""皇嘉门""冠世墨玉"等。

乌羽玉

赛墨莲

花二乔

复色系

复色是指一朵花开出两种颜色，复色品种也不多，主要有"花二乔""岛锦""花蝴蝶"等。

百园奇观

岛锦

花型

众芳殊不类　一笑独奢妍

牡丹品种繁多，主要根据花瓣发育与排列情况，形成了多种姿态的花型、五彩缤纷的花朵。花型是牡丹重要的观赏性状，牡丹的花型主要由花瓣的多少、形状和排列方式决定，雌雄蕊的数量、位置和瓣化程度也起一定作用。牡丹的花型根据花瓣由少到多依次为单瓣型、荷花型、菊花型、蔷薇型、托桂型、金蕊型、金环型、皇冠型、绣球型和台阁型等。

玉板白

白鹤红羽

单瓣型

花瓣 1–3 轮，宽大平展，雌雄蕊正常，结实能力强，代表品种有"白玉盘""大桃红""玉兰飘香""紫斑白""黑光丝"等。

大桃红

粉蝶舞

荷花型

　　花瓣 4-5 轮，瓣大整齐，初开时花瓣内抱似荷花，花心正常，结实能力较强。代表品种有"初乌""似荷莲""清香白""蓝荷花""黑海撒金""粉蝶舞"等。

粉蝶戏金

紫艳夺珠

鸡爪红

百园粉

芳纪

菊花型

花瓣 6 轮以上，由外向内逐层排列并逐渐变小，花心基本正常，雄蕊少量瓣花，代表品种有"曹州红""海黄""似荷莲""丛中笑""大蝴蝶""玉面桃花"等。

粉
丽

百花娇艳

蔷薇型

花瓣多轮，数量明显增加，由外向内逐层排列并显著变小，雄蕊变少或瓣化，雌蕊基本正常，代表品种有"百花娇艳""冠世墨玉""花二乔""争春""锦袍红"等。

冠世墨玉

粉娥娇

凤毛麟角

托桂型

外瓣明显，宽大且平展，雄蕊瓣化，内瓣自外向内变细而稍隆起，呈半球型，如"天香""小胡红""粉娥娇""金星雪浪""粉盘托桂""青龙卧墨池"等。

金星雪浪

金蕊型

　　花瓣多轮，中间雄蕊不完全瓣化，能看到中心处金黄色雄蕊花药，如"淑女装"等。

梨花迎雪

玉盘托金

紫蝶飞舞

红宝石

金玉玺

金环型

花瓣多轮，中间雄蕊不完全瓣化，能看到一圈金黄色雄蕊花药，状似金环，如"红宝石""金玉玺""天香紫""金腰带""白凤塔"等。

天香紫

粉楼台

满天星

皇冠型

　　花瓣众多，外瓣平展突出，雌雄蕊几乎全部瓣化，全花高耸，形如皇冠，代表品种有"赵粉""姚黄""胡红""烟龙紫""首案红""蓝月亮"等。

银月

绿幕隐玉

绣球型

　　花瓣众多，雌雄蕊完全瓣化，排列紧凑，全花丰满，形如绣球，如"春柳""魏紫""蓝绣球""娇艳""羞容"等。

锦上添花

桃花源

雪山青松

仙桃

台阁型

由 2 朵或 2 朵以上的单花上下叠合形成，呈现出台阁式样的花型，代表品种有"贵妃插翠""粉翠楼""墨楼镶翠"等。

贵妃插翠

牡丹花型的确定是以该品种出现的最高级花型为准，多数牡丹品种的花型是稳定的，但也有一些品种的花型因水肥条件、春季倒春寒等因素的影响而有年际变化。如"赵粉"的典型花型是皇冠型，但有时呈托桂型或荷花型，甚至1株牡丹同时出现3种花型。

第三章

文学·牡丹

李白 | 若非玉山见　会向瑶台逢

　　大唐是一个声威赫赫的王朝，以强盛的国力为基础，唐代文化呈现出一种蓬勃的朝气，表现出一种无所畏惧、无所顾忌、恣意怒放和兼容并包的特征。这种文化精神，如果选取一种花来象征的话，那就非牡丹莫属。硕大的花型、明丽的容貌、浓郁的芳香，加上雍容华贵的气度，牡丹就是盛唐文化的化身。唐代最令人推崇的文学样式是唐诗，著名诗人闻一多曾经说过："一般人爱说唐诗，我欲要讲'诗唐'。诗唐者，诗的唐朝也。"（《唐诗杂论》）其实，牡丹就是盛唐的诗，是一个时代人们审美理想的重要载体。

　　在唐朝都城长安，有一个兴庆宫，兴庆宫里有一座沉香亭，盛唐牡丹与诗的结合，应该从这里开始。

　　天宝初年的一个春天，唐玄宗和杨贵妃在沉香亭畔观赏牡丹花，伶人们正准备表演歌舞以助兴，唐玄宗却说："赏名花，对妃子，岂可用旧日乐词。"因急召翰林待诏李白进宫撰写新词。李白奉诏进宫，即在金花笺上作了著名的《清平调三章》，其一云：

云想衣裳花想容，春风拂槛露华浓。
若非群玉山头见，会向瑶台月下逢。

　　在这首诗中，李白把牡丹和杨贵妃放在一起进行描写，花即是人，人即是花，牡丹人面浑然交融在一起。"云想衣裳花想容"，是把杨贵妃的艳丽服饰，写成如霓裳羽衣一般，艳丽的服饰簇拥着她那丰满的姿容。"想"是说看见彩云而想到衣裳，看见花色而想到容貌，也可以说把衣裳想象为云，把容貌想象为花，这样花面交互、云衣相映，字里行间给人以花团锦簇之感。接下来以"露华浓"来点染花容，并进一步描述花之含露、人之娇羞，既彰显牡丹花在晶莹的露水中更加艳冶，同时也以风露暗喻君王的恩泽，使花容人面俱见精神。最后，诗人的想象又升腾到群仙所居的玉山、瑶台，暗示这样的玉容花貌，人间难以看到，从而使玉环之美、牡丹之艳，得到进一步升华。

韩 愈 | 何须对零落 然后始知空

　　唐代著名诗人韩愈与牡丹颇有渊源，让我们从一则传奇的故事说起。韩愈的侄孙韩湘子是著名的"八仙"之一，据说有一次，韩湘子从江淮来到京城拜谒自己的叔祖。因为韩湘子年龄不大，韩愈就让他去国子监读书。可是没多久，他把里面的孩子打了一遍。韩愈没办法，就在街西面找了一个寺院让他自修。不出半月，寺里主持便向韩愈告状，说这个小孩子狂悖粗率，大家实在拿他没办法。韩愈只好把他叫回来，开始一通训斥："人家市井之中的贱民小贩都有一技之长，像你这样胡作非为，将来会成为什么东西？"韩湘子并不生气，对韩愈说："我有一种本领，遗憾的是您还不知道。"接着，韩湘子指着阶前的牡丹说："这些牡丹，你要它们花开时什么颜色，我就让它开什么颜色。"韩愈很惊奇这个孩子的胡言乱语，也全然不信，不过他还是依韩湘子所说，给他置办了各种东西。

　　韩湘子用箔席把牡丹围住，不让人随便观看。又在牡丹四周挖了一个环形小坑，深及根部。他自己坐在里面，把各种颜色的矿粉洒在牡丹根部，这样折腾了七天，才把坑填上。然后对韩愈说："您等着看吧，只可惜还要一个月的时间。"

　　韩家的牡丹本来都是紫色，又是隆冬季节，所以，他怎么也不信会有什么奇迹发生。没想到一个月过后，花真的开放了，各种颜色都有。更为奇怪的是，每朵牡丹花瓣上都有一联紫色的小字，上面竟然是韩愈被贬潮州时所写的诗句——"云横秦岭家何在？雪拥蓝关马不前。"韩愈大为惊异，一时无语。

欧阳修　｜　年少洛阳客　眼明魏家红

　　宋人对牡丹的喜爱一点儿也不逊于唐人，北宋三代文坛领袖王禹偁、欧阳修和苏轼都跟牡丹结下了不解之缘。王禹偁甚至有时排斥他花而专注于牡丹。他曾写过《芍药花开忆牡丹绝句》，诗云："风雨无情落牡丹，翻阶红药满朱栏。明皇幸蜀杨妃死，纵有嫔嫱不喜看。"苏轼则是唐宋诗人中，留下牡丹诗词最多的一个，计有30余首。然而，与牡丹渊源最深的还是欧阳修。可以这样说，洛阳牡丹赢得世名，跟年轻时候来到洛阳做官的欧阳修有非常重要的关系。

　　欧阳修二十四岁中进士，然后来到洛阳留守钱惟演幕下担任留守推官。此后，欧阳修写下了《洛阳牡丹记》，另有《洛阳牡丹图》《谢观文理尚书惠西京牡丹》等著名诗作。在西京洛阳的日子，是欧阳修一生最难忘的时候。留守钱惟演格外宽仁，尹洙、梅尧臣这些好友又意气相投。他们游山水、饮美酒、赏牡丹、作诗文，快意人生："我时年才二十余，每到花开如蛱蝶。"（《谢观文理尚书惠西京牡丹》）"洛阳三见牡丹月，春醉往往眠人家。"（《眼有黑花戏书自遣》）因此，在欧阳修的眼中，牡丹是青春美好的象征："盛游西洛年方少，晚落南谯号醉翁。"（《禁中见鞓红牡丹》）

　　欧阳修的《洛阳牡丹记》，包括《花品序》《花释名》《风俗记》三篇，讲述了牡丹源流、牡丹花品、名称来历、洛阳花俗等有关牡丹的各种问题。书中列举牡丹品种24种，是历史上第一部完整且具有重要学术价值的牡丹专著。洛阳牡丹自唐以后始著名，然而闻名天下，每被文人所吟咏，欧阳修与有功焉。

陆 游 | 尤物竟如此　恨我东吴居

陆游对牡丹的钟情主要在中年以后。在成都做官的时候，他曾写作了《天彭牡丹谱》。《天彭牡丹谱》结构上仿效《洛阳牡丹记》，亦有《花品序》《花释名》《风俗记》三篇，记载了南宋时四川彭州牡丹种植的盛况，天彭牡丹之闻名，便从此开始。

陆游称"天彭号小西京，以其俗好花，有京洛遗风"，"土人种花得法，栽、接、剔、治"，于是，"牡丹在中州，洛阳为第一；在蜀，天彭为第一"。可见那时彭州人非常喜好牡丹，遍种牡丹，这也是今天丽春、丹景山等地牡丹繁荣的渊源。

陆游晚年退居山阴的时候，依然不忘天彭牡丹，"忆向彭州取牡丹，蜡封驰骑露初干"，并极赞牡丹品格，"牡丹底事开偏晚，本自无心独占春"，认为牡丹是"太平有象"的标志。一生坎坷的陆游，晚年多得牡丹相伴，有时不顾下雨泥泞，还要醉在牡丹花下，"不嫌雨后泥三尺，且趁春残醉几回"；有时尽管年老，也要寻找新品牡丹栽种，"自揣明年犹健在，东箱更觅茜金栽"。当闻听洛阳牡丹花大如盘、郿畤牡丹株高丈余之时，陆游居然说，"世间尤物有如此，恨我总角东吴居"，为自己没有在小时候生长在北方而遗憾了。

何应瑞 | 廿年故园花　开时今在家

与长安、洛阳的古都身份不同，曹州从一开始便以平民的身份进入富贵之花的种植行列。所以，牡丹走出了园林和寺院，重新回归到山野之间，再现其自然烂漫之姿，应该又从曹州开始。明弘治之后，曹州牡丹日益兴盛，明代著名文人谢肇淛说，当时的曹州"盖家家圃畦中俱植之，若蔬菜然"。如今，作为昔日曹州故地的菏泽，已经成为世界上面积最大的牡丹繁育、栽培、科研、加工、出口和观赏基地。

曹州更加乡野化的牡丹园林，从明代开时便已经星罗棋布。如凝香园、万花村、张花园、巢云园、郝花园、毛花园、李花园、赵花园、桑篱园、铁藜寨花园等不下10多处。其中，凝香园、赵花园（桑篱园）可为代表。

凝香园原名何园，其主人为何应瑞父子。何应瑞是万历三十八年（1610年）进士，官至工部尚书。崇祯间宦游归里，看到故乡园内牡丹繁花如锦，香溢四野，为宦20余年的何应瑞感慨万端，写下了《牡丹限韵》这首诗："廿年梦想故园花，今到开时始在家。几许新名添旧谱，因多旧种变新芽。摇风百态娇无定，坠露丛芳影乱斜。为语东皇留醉客，好叫晴日护丹霞。"表达了对美好时光的殷殷期盼。何园后来培育出"何园白""何园红"等牡丹名品，在明末已誉满曹州、亳州、洛阳等地。

　　赵花园是另一处历史悠久的牡丹园。其建园史据说可以追溯到明朝初年。至万历年间，花师赵瑞波遍寻荒山野岭，得牡丹10余种，栽种于赵氏园中。最早培育出"乔家西瓜瓤""倚新妆"等品种，以后又培育出"新红奇观""叠雪峰""千叶白花"等八种牡丹均为曹州神品。这些牡丹名品后又移栽亳州。清乾隆、嘉庆、道光时期，赵花园园主是赵玉田，培植牡丹近80年，育出多种牡丹神品，如"天香独步""种生红""种生花""赵红""赵绿""邦宁紫"和"骊珠"等。赵玉田培育出的最为神异的是"蓝田玉"，这种花花蕾圆大，皇冠花型，盛开后蓝光幽幽，温润冷艳，乃牡丹一绝品，令人称奇。赵玉田90大寿时，主持曹州府试的主考官马邦举亲赠赵玉田匾额，上书"似兰如松"，赞誉他似兰之馨，如松之寿，该匾至今仍放置在曹州牡丹园中国牡丹博物馆里面。

　　同治年间，曹州知府赵新深为赵氏一族不计名利地世代种植牡丹并选出新品而感动，作诗赠与园主："此老无惭市隐名，莳花真可当春耕。前身合是庄周蝶，安稳香中过一生。"

　　在曹州很多乡贤的共同努力下，清朝初年曹州牡丹进入了繁荣兴盛的阶段，曾任礼部掌印给事中的王曰高在他的《曹南牡丹四首》之三中写道："洛阳自古擅芳丛，姚魏天香冠六宫。一见曹南三百种，从今不数洛花红。"

蒲松龄 | 愿如梁上燕 栖处自成双

蒲松龄的《聊斋志异》记载了不少牡丹仙子的故事，她们美丽、勇敢而又多情。在这些篇什中，《葛巾》是一篇情节曲折而又有警示意义的小说。它记叙了书生常大用以及弟弟常大器与牡丹花仙葛巾、玉板的一段凄美爱情故事，也道出了洛阳牡丹与菏泽牡丹的渊源。至今，曹州牡丹园还有牡丹花仙葛巾、玉板的塑像。

　　常大用是洛阳人，特别喜爱牡丹，听说曹州牡丹甲齐鲁，就一心想去看看。常大用来到曹州，借住在一家官宦人家的花园里，一直待到牡丹含苞待放，盘缠用完了，他就典当了春天的衣服，整日流连于牡丹园中，忘了回家。

　　一天凌晨，常大用来到牡丹花园，看见一位女郎和一位老婆婆已经先在那里。这位美丽的女郎就是花仙葛巾。初次的邂逅让常大用茶饭不思，这样过了三天，憔悴得人都快要死了。后来，常大用又在园中见到那位女郎，终结秦晋之好。女郎见常大用盘缠花尽，又赠与金银，并将自己的姐妹玉板也许配给了常大用的弟弟常大器。常大用和常大器带着葛巾、玉板回到洛阳，两年以后，姐妹俩各生了个儿子，这才自己透露自己的身份说："我家姓魏，母亲被封为曹国夫人。"

　　常大用怀疑曹州没有姓魏的官宦之家，于是便到曹州察访，并仍借住在旧主人家。忽然看见墙壁上有赠曹国夫人的诗，就向主人打听曹国夫人的事情。主人笑了，请他去看看曹国夫人。原来曹国夫人是一棵牡丹，和房檐一样高。常大用问主人花名的由来，主人说这棵牡丹在曹州名列第一，因此大家玩笑之间封它为曹国夫人，它的名字实际上是"葛巾紫"。常大用的行为惹怒了葛巾，她呼喊玉板把儿子抱来，对常大用说："三年前，我感激你对我的思念，才答应嫁给你。如今你既然猜疑我，以后又怎能够再在一起生活！"说完，将两个孩子弃于地上，人不见了，常大用悔恨不已。几天后，孩子落地的地方长出两棵牡丹，当年就开了花，一棵紫的，一棵白的，花朵硕大无比。几年后，枝繁叶茂，各长成一大片花丛。把花移栽到别的地方，又变成了别的品种，谁也叫不出名字。

第四章

艺术·牡丹

唐 五 代 | 红芳满砌阶　扇上画将来

　　牡丹入画，唐以前没有明确的记载。据称晋代顾恺之《洛神赋图》中，有作为衬托人物出现的牡丹，但观画图本身，不甚分明。唐代韦绚在《刘宾客嘉话录》中称，北齐杨子华画有牡丹，这是关于牡丹绘画的最早记载。据说杨子华"画牡丹处极分明"，因为人们未能看到杨子华的作品，后来便有不少人表示了疑问。宋祁《上苑牡丹赋》云："子华绘素之笔，仿佛而传疑。"苏轼《牡丹》诗中则云："丹青欲写倾城色，世上今无杨子华。"可见，宋人对杨子华画牡丹已经疑是难辨。但无论如何，正是这位传说中的杨子华拉开了牡丹绘画史的序幕，此后的一千多年中，牡丹绘画各呈异彩。

　　在绘画作品中，牡丹作为一种文化意象，一方面主要承载了"荣华富丽"的意蕴，贯穿整个牡丹绘画史；另一方面，在明清等特定历史时期，牡丹如同梅、兰、竹、菊一样，又成为画家个性、志趣与思想感情的载体。

　　自唐以来，牡丹绘画日趋繁荣，作家作品也不胜枚举，此处约略记述。

　　簪花牡丹　在中国传统文化中，牡丹、芍药与禽类的鸾、凤、孔雀都是富贵的象征，所以，它们常常进入世俗主题比较鲜明的绘画中。唐德宗时期周昉的《簪花仕女图》，是存世最早的牡丹绘画作品。这幅画描绘了几个体态丰腴的贵妇，在她们高盘浓黑的髻发顶上，各插不同花朵，其中就有人头插一朵牡丹花。旁边宫女所执纨扇上也绘有牡丹，设色清丽，表现不凡。可见，这时牡丹不仅成为贵妇人的重要装饰，而且已经独立成为花鸟画科的题材。

唐·周昉　簪花仕女图

折枝牡丹 中唐时已出现多位专擅牡丹的画家，如边鸾、冯绍正、于锡、刁光胤、殷保容等。边鸾画牡丹颇有名气，开折枝牡丹画先河。《宣和画谱》录其《牡丹图》《牡丹白鹇图》与《牡丹孔雀图》3幅。据《广川画跋》卷四云："边鸾所画牡丹，妙得生意，不失润泽。"此外，边鸾还创作有牡丹壁画，据张彦远《历代名画记》卷三记载，长安宝应寺西塔院下，有"边鸾画牡丹"。边鸾的牡丹画，引领了唐代中后期画牡丹的热潮。至唐末，画牡丹已较为普遍，文人墨客及官吏的折扇上常常绘有牡丹。唐末诗人罗隐《扇上画牡丹》诗中写道："为爱红芳满砌阶，叫人扇上画将来。叶随彩笔参差长，花逐轻风次第开。"

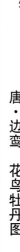

唐·边鸾 花鸟牡丹图

五代·滕昌佑 牡丹图

胜华牡丹 五代时，牡丹在著名花鸟画家手中得以繁荣。滕昌佑、王耕、徐熙和黄筌，是这一时期最为著名的牡丹画画家。滕昌佑由唐入蜀，他画有多幅牡丹，因其字胜华，其画被称为"胜华牡丹"。今存台北故宫博物院《牡丹图》，是其传世最早的专写牡丹的作品，此画采用勾勒晕染法，画面布局有序，一派雍荣华贵景象。吴越画家王耕也以擅画牡丹闻名，传说他将牡丹画于扇面上，竟招来蜂蝶纷飞，可见画艺之精。

五代·徐熙 玉堂富贵图

富贵牡丹 五代时期南唐徐熙、后蜀黄筌的牡丹画影响更大。徐熙现有《玉堂富贵图》传世，成为牡丹富贵主题的代表作。画中上方玉兰初吐芳华，其间海棠飞艳溢彩，秀石之后，几丛牡丹姹紫嫣红，下面一只雉鸡正倘徉其间，有玉堂富贵、富贵吉祥等寓意。该图构图方法颇具特色。从整幅图中来看，所有画面被牡丹、玉兰、海棠、禽鸟和假山石充溢，十分紧密，有明显的装饰性，使观者一望而生富丽之感。该图采取没骨之法，画面饱满富丽。另外，黄筌以工笔画早得名于时，《宣和画谱》收录其牡丹画作16件。他一生在皇家画院服务，为适合宫廷口味，其画法细腻逼真，设色浓艳，富丽堂皇。

宋元 | 欲入时人眼　胭脂画牡丹

宋人对牡丹的喜好，丝毫不亚于唐代。欧阳修作有《洛阳牡丹记》，传诵一时。李唐曾有诗这样描写当时花鸟画之风："早知不入时人眼，多买胭脂画牡丹。"（《题画》）反映出花鸟画家们对牡丹趋之若鹜的时尚。宋代牡丹冠压群芳，所以画牡丹之风兴盛，并成为独立画科。宋代牡丹绘画是继承唐五代成就发展而来，牡丹画家众多，如文同、黄居宝、黄居宷、徐崇嗣、赵佶、法常、赵昌、易元吉、崔白、吴元瑜等。此时牡丹作品，笔工精细，色彩绚丽典雅，线条流畅，层次分明。

没骨牡丹　黄筌的儿子黄居宝、黄居宷都擅画牡丹。《宣和画谱》收录黄居宷牡丹画有40件，其秉承"黄氏之风"，保持在皇家画院近百年的统治地位；徐熙之孙徐崇嗣长于画草木禽鱼，不用描写，只用丹粉点染而成，号"没骨牡丹"，成为牡丹的代表画家之一。《宣和画谱》收录他的牡丹图10件。宋徽宗赵佶是一位酷爱艺术的皇帝，他的《彩禽啄虫图》牡丹花勾勒填彩，工笔细腻，鸟儿动态逼真，形神兼备，加上他自创的瘦金书法题跋画中，为牡丹画倍增光彩。南宋偏安，但喜爱牡丹之风不减。画家法常喜画牡丹，他画的《牡丹图》，用没骨之法，清新脱俗，别具一格；赵昌擅画花卉，其折枝、蔬果尤妙；易元吉时称徐熙后第一人，有《牡丹鹁鸽图》传世；崔白尤长于写生，所画《湖石风牡丹图》《牡丹戏猫图》流传于后；吴元瑜能变世俗之气，也有《写生牡丹图》传世。

自然牡丹　元代画家中，鲍敬是以专画牡丹而扬名者，《越画见闻》称其牡丹"姿态天成"，显示出他对牡丹的造型刻画能力。钱选以山水、人物、花鸟兼擅，但其自称"犹有余情写牡丹"，现存的《牡丹图》，用笔精致，不落俗套，乃元代花鸟画之极品。此外，吴镇、边鲁则是史书所载最早以水墨牡丹擅长者，开启了牡丹绘画的新纪元。

元·钱选　牡丹图

宋·徐崇嗣　牡丹蝴蝶图

明 清

三月春消息　浓烟淡墨中

水墨牡丹　明清以降，以擅画牡丹而留名画史者不计其数，以画花鸟知名者均擅画牡丹。"吴门画派"的沈周、文征明等，以文人逸气挥写牡丹，使牡丹题材进入文人视野。

沈周的《牡丹写生图》中题诗"洛阳三月春消息，在我浓烟淡墨中"，成为歌咏牡丹绘画的名句。晚明的徐渭、陈淳将水墨牡丹发扬光大，以泼墨大写意将牡丹的形与神融为一体。徐渭曾言："牡丹为富贵花，主光彩夺目，故昔人多以钩染烘托见长，今以泼墨为之，虽有生意，多不是此花真面目。"（《题墨牡丹》）虽说如此，但其各尽情态的水墨牡丹则别有一番意趣，对后世影响极大。

恽氏牡丹　清代初年，牡丹绘画也与山水画风一样，交织着正统画派与野逸画派的两大阵营。前者以恽寿平为代表，所画牡丹"精研没骨，得其变态"，时人称之为"恽氏牡丹"；后者则以朱耷、石涛、傅山为代表，均以水墨牡丹见称，承继"青藤白阳"遗韵。清代中期，扬州画派的花鸟画家兼擅牡丹，郑燮、李方膺、高凤翰、华喦、边寿民等均能以水墨写意抒写笔情墨趣，将文人题材的牡丹绘画推向极致。晚清以来，文人画开始出现世俗化趋向。海上画派的吴昌硕及京津画派的颜伯龙等均以设色牡丹知著，工笔与写意结合，反映出近百年来受众的审美倾向。在清代画家中，恽寿平的牡丹画影响很大，独领一时风骚。

明·徐渭　水墨牡丹图

清·徐扬　牡丹山鹨图

清·吴昌硕　牡丹水仙图

一朵归姑满幅搜祗容叶观乐旁枝谓他富贵示起矣何不分之独占云

李从训牡丹春满

明·李从训 牡丹春满图

牡丹百图 清初宫中词臣蒋廷锡是又一位值得注意的画家。蒋氏颇得恽寿平余韵，耗毕生精力绘制《百种牡丹图》，蒋氏"以逸笔写生，或奇或正，或率或工，或赋色，或晕墨，……而自然洽和，风神生动"。蒋廷锡受到乾隆帝等的高度重视，在《石渠宝笈》初编所收画作中，其作品数量排在第二位。

雅俗牡丹 吴昌硕画兼收并蓄，熔合诸家于一炉而自成新意，外似粗疏、豪放，内蕴浑厚。画法得力于其书法、金石之力，又强调以气势为主。因此，他的牡丹画气势磅礴，突兀触手。其主干往往用大笔上下直扫，其枝叶则多作斜势，左右穿插交叉，紧密而得对角倾斜之势。画牡丹大笔点染，施以西洋红等明亮色彩，不落于粉媚艳俗，成为历代写意画家中最善于用色者，获"雅俗共赏"之誉。他的《牡丹图》《富贵眉寿》《贵寿无极》等都是匠心独运的精绝之作，在一幅画上，诗、书、画、印四者都能配合得宜，达到艺术上的完美结合。

清·恽寿平　牡丹图

明·樊圻　设色牡丹轴

清·恽寿平　山水花鸟图册之牡丹

同治辛未春月 赵之谦画于都门

清·赵之谦 牡丹图

清·马逸　国色天香图

清·胡湄　玉堂富贵图

清平称绝调　富贵不骄人

现代画家齐白石、李苦禅、王雪涛更擅于画牡丹，成就显著。陈师曾与黄宾虹、徐悲鸿则称"民初画坛三杰"，也时有牡丹名作。

浓墨牡丹　齐白石在继承吴昌硕又深得徐渭、八大山人启示的基础上，画牡丹用笔雄健，红花墨叶，大笔挥洒，自由随意，浓墨艳色郁郁葱葱，在似与不似之间尽情抒发自己的情感。红色是喜庆欢乐，代表了民间的审美趣味，墨色则高贵脱俗，是文人画的最根本要素，齐白石将大雅和大俗这两种截然不同的要素巧妙地统一在一起，浓墨重彩，创作了雅俗共赏的艺术形式，让人叹为观止。王雪涛则将熟畅与生涩相融合，画牡丹，色泽绚烂，光华四溢，笔无妄下，尽在精微而神采飞扬。

多彩牡丹　新中国成立后，画家们各尽才情，泼墨作画，创作出很多优秀作品。如陈半丁《春满乾坤图》《花好月圆》《瓶花图》，廖一中《牡丹祝寿图》，汪慎生《花鸟图》（册页之三《牡丹》）等。另有祖绍先《大富贵牡丹》，李苦禅《春浓图》，娄师白《为寻芳菲到曹州》，于希宁《婀娜多姿》，俞致贞、刘力上《久恋到白头》，何方华《姚黄》，王企华《洗去脂粉独露清标》，周俊鹤《姹紫嫣红春消息》，祁祯《春艳如霞》，吴野洲《富贵不骄》，赵建民《蕊有异香》等，它们分别被收录在有关牡丹专题书册中。

盛世牡丹　令人欣喜的是，改革开放之后，还产生了很多从事牡丹绘画的农民艺术家，2018 年 6 月 9 日，上海合作组织成员国元首理事会第十八次会议在青岛拉开帷幕。晚宴之前，中国国家主席习近平同与会各国元首亲切会晤并合影留念。合影背景墙上的巨幅工笔牡丹画《花开盛世》就出自山东省菏泽市巨野县农民之手。巨野 10 位画师精心绘制 77 天，用 218 朵盛开的牡丹，为盛会添彩，也创造了"国内最大工笔牡丹画"的纪录。

齐白石　牡丹

王雪涛　牡丹

國風

庚子新春 上官超英製

中国美协会员、山东省美协顾问　上官超英

富贵花颂 之七

她具有高贵的品格在花间特篱撑起那硕大而圆的花冠尽显其令人震撼和陶醉的身恣雍荣华贵始然也她花开无语花落无声复化为春泥孕育着下一个花期……

岁在千辰之春鲁俊于京郷牡丹於书册

中国美协会员、国家一级美术师 于鲁俊

巨野县书画院　花开盛世

鸟语花香

谷雨时节

富贵大吉

春光

什锦牡丹

126

富贵有余

贰零壹伍年春摄于菏泽

富贵有余

骨雕牡丹

128

石雕牡丹

绳编牡丹

麦秆牡丹花瓶

国色天香

东明粮画

脱水干花

曹州面塑

陶瓷牡丹

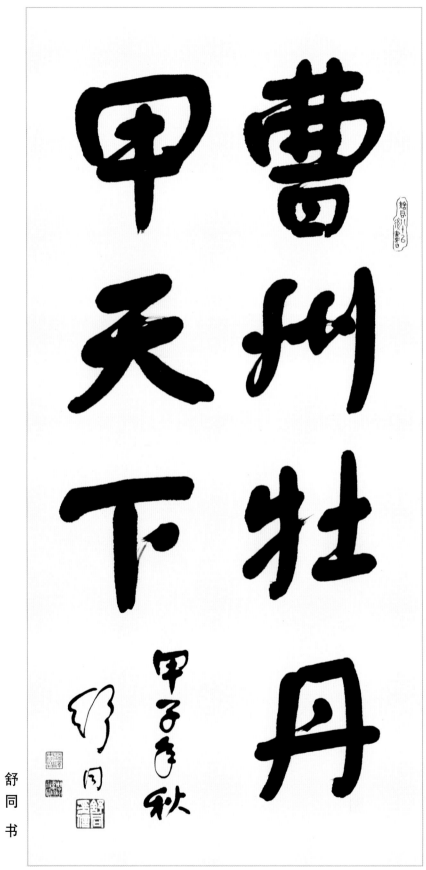

曹州牡丹甲天下

甲子年秋

舒同书

木芍藥裴沉香亭謝表

題時早已名衆卉任教春去

盛花王此國檀芳馥

心詩寄題曹州牡丹三古稱木芍藥詩一室軍

詩中始云牡丹一九八五年三月 启功并識

启功书

赞曹州牡丹

曹州牡丹似锦满城花
朵朵明艳难分差
巧手千秋画不尽
留下丹青赠万家

一九五年元旦 刘开渠

刘开渠　书

136

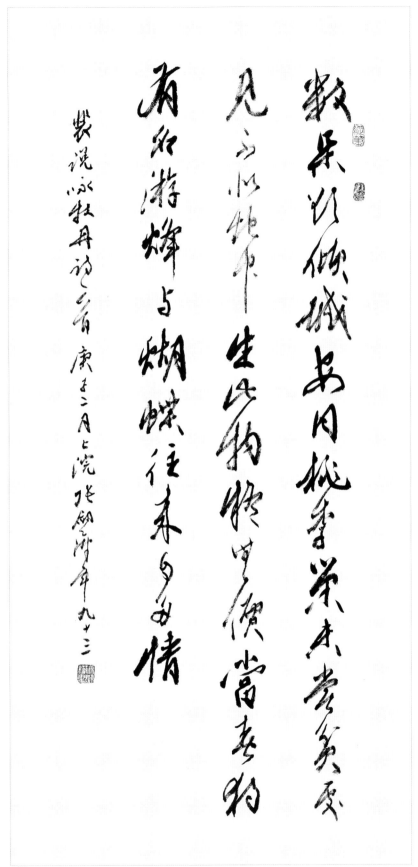

中国书协会员、菏泽市书协名誉主席　张剑萍

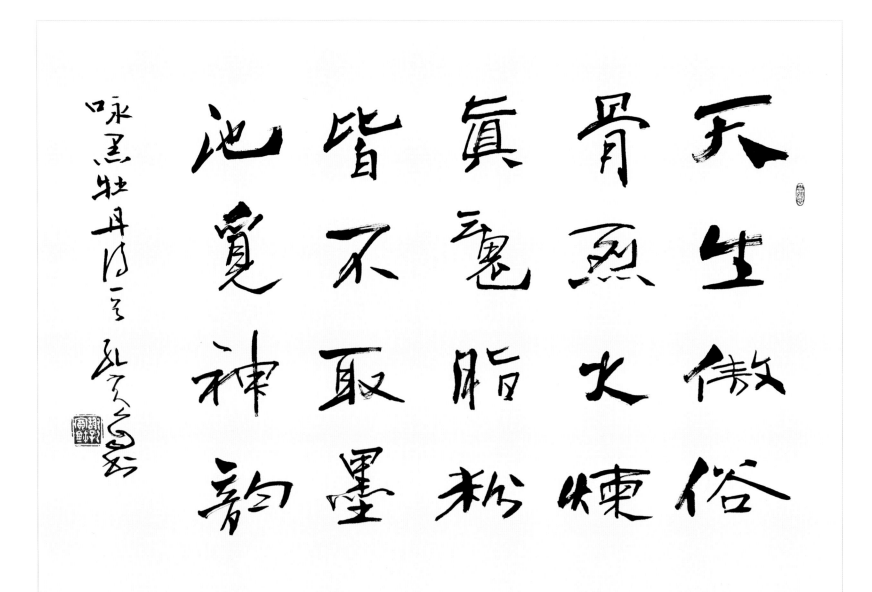

天生傲俗
骨烈火煉
真气脂粉
皆不取墨
池觉神韵

咏墨牡丹时年八十三 谢孔宾

中国书协会员、菏泽市书协顾问　谢孔宾

中国书协会员、菏泽市书协名誉主席 刘　勇

牡丹仙子，只此家鄉不着胭脂。国色天姿淡妆，柔情脉脉真堪誇。姚黄王后牡丹，脉脉丹脉……

冯心如書 曹钰

中国书协会员、山东省书协副主席 曹钰

第五章

风俗·牡丹

游 赏　｜鹧鸪声中雨　花际六街尘

　　唐朝人对牡丹有一种近乎迷狂的心态，从上到下，莫不如此。唐诗中这样描写游赏牡丹的情形："三条九陌花时节，万户千车看牡丹"（唐·徐凝《寄白司马》），"鹧鸪声中双阙雨，牡丹花际六街尘"（唐·徐夤《忆荐福寺南院》）。牡丹在唐朝不像后来那样普及，唐朝人都去哪里看牡丹呢？从唐人的诗作和笔记来看，他们游赏牡丹的去处主要有三：宫苑、私第和寺院，最为普及的游赏之处就是寺院。这种情形的出现，应该和唐代人的信仰与生活有关。经过了六朝时候庄严与虚幻的描述，佛教在唐代日益浸润于世俗，中唐以后尤其如此。当时的寺院"俗讲"十分盛行，然而讲述的故事不再是佛教经义，也不是六朝名士们的"空""有"思辨，而是地道的世俗生活、民间传说和历史故事。这一切，我们都可以从唐朝的变文中找到佐证。唐朝实行三教并重的政策，文人士大夫虽偶有排佛之举，但大都接受佛教思想。而市民们更乐于从寺院俗讲中获得一些寻常生活的娱乐与快感，因此，寺院便成了他们日常生活中经常涉足的地方。寺院的僧侣们自然也想尽办法吸引更多的香客，俗讲是一种方式，栽种牡丹则是另外一种方式。当皇帝嫔妃、达官贵人能够借由自己的优越条件，在宫中、私第欣赏牡丹的时候，好花的市民们则走进大小寺院，在聆听俗讲的同时，观赏寺院里面盛开的牡丹。

　　唐代诗人白居易、元稹就经常去西明寺、慈恩寺看牡丹，还留下了一段令人回味的友情佳话：元和四年（809 年）三月二十一，正是牡丹花开的时节，白居易与诗人李建去曲江游玩，并到他和元稹经常去的慈恩寺看牡丹。由于元稹此时去梁州审理案件，未能与白居易同往，白居易便写下了《同李十一醉忆元九》："花时同醉破春愁，醉折花枝当酒筹。忽忆故人天际去，计程今日到梁州。"而元稹在这一天也正好到达梁州。令人感到奇妙的是，当天晚上元稹还做了一个梦，梦见自己跟白居易一起在曲江、慈恩寺游春赏花，并写下了《梁州梦》这首诗："梦君同绕曲江头，也向慈恩院院游。亭吏呼人排马去，忽惊身在古梁州。"这真是一种奇妙的巧合。

百花园

　　唐人喜欢牡丹之所以蔚然成风，应该基于以下原因和条件：其一，牡丹一直为统治者喜爱。所谓上有所好，下必甚焉，皇宫内苑是引领牡丹风尚的风向标。其二，牡丹契合唐代的审美趣向。唐朝社会繁荣、国力强盛，造就了唐人蓬勃向上、昂扬奋发的精神面貌，而浓艳热烈、姿态雍容的牡丹，正好是这种情感和追求的承载。其三，牡丹有美好的寓意。中国人向来有以物比德的传统，牡丹的形色、韵致会引起人们很多美好的联想。其四，唐代园艺技术的发展。牡丹被人们成功引种以后，在一些高明的园艺师的培育之下，色彩越来越丰富，花型越来越好看。其五，唐代寺院牡丹众多。寺院的招引，加上风雅文人们的推波助澜，写诗咏讽，遂使得这种风尚经久不衰。唐代文人们涉足的著名僧院有西明寺、荐福寺、永寿寺、开元寺等。

曹州牡丹园

古今牡丹园

国花牡丹园

花会 | 千灯争闪烁　万蕊斗鲜妍

　　宋代人游赏牡丹的同时，出现了另一种重要的赏花形式——花会。每当花开的时候，很多城市都出现了专门为观赏牡丹而设的"花市"。在牡丹或其他花开之际，官方举办的花市、花会，形式颇类似于今日的牡丹花会。宋人牡丹花会的热闹情形及其中的文化韵味，一点儿也不逊色于当今花会。

　　欧阳修《洛阳牡丹记》记载：每年牡丹花开的时候，洛阳城无论当官的还是老百姓，都竞相邀请观赏牡丹，常常在古庙、老宅、水边、高地等处组织花市，并且张挂帷幕、吹奏音乐营造气氛。宰相文彦博《游花市示之珍（慕容）》诗中这样写道："去年春夜游花市，今日重来事宛然。列肆千灯争闪烁，长廊万蕊斗鲜妍。交驰翠幄新罗绮，迎献芳樽细管弦。人道洛阳为乐园，醉归恍若梦钧天。"

　　陆游《天彭牡丹谱》中也记载：天彭号称小西京，当地风俗也是喜欢牡丹，大户人家的宅院有的栽植一千多株。每年牡丹花开的时候，自太守以下，往往在花开得最盛的地方张挂帷幕、摆上酒席观赏。车马来往奔腾，歌吹之声相闻，花事最盛的时候就是清明寒食节，可见天彭州的牡丹花开早于中原地区。

　　著名诗人苏轼也在杭州举办过牡丹花会。苏轼于熙宁四年（1071年）冬天通判杭州，正好此时的杭州知州沈立也是爱花之人。第二年，他们举办了一次由各界人士参加的牡丹花会，地点就在吉祥寺。苏轼还专门为知州沈立编撰的《牡丹记》写下了《牡丹记叙》，记载这次花会的盛况。据苏轼所载，杭州吉祥寺的牡丹有一千多株，品种以百数。当时酒宴大开，州民云集，可谓是上下同乐。这是篇难得的记载牡丹花事的文章，它真实地反映了杭州近一千年前的牡丹盛会实况。这次盛会，由政府首创，百姓参加，当时献出珍品牡丹的养花人共有五十三位之多。他们用金盘彩蓝装饰自己的牡丹名品，供大家观赏。大家尽情赏花、饮酒，连一向不饮酒的人都喝醉了。大小工作人员都插花戴红跟着沈立和苏轼，围观的有好几万人。苏轼当时还写了很多诗，其中最有名的就是《吉祥寺赏牡丹》：

人老簪花不自羞，花应羞上老人头。

醉归扶路人应笑，十里珠帘半上钩。

曹州牡丹园

曹州牡丹园

天香公园

曹州牡丹园

中国牡丹园

凝香园

簪 花 | 偷插玉钗上　更留银烛看

簪花起源于秦汉时期，后人相沿，积以成习。考古发现三国时的蜀国陶俑，就有女舞乐俑簪花的情形。唐玄宗曾经命宫中嫔妃簪花，可见唐以前簪花之事大多仍盛于宫中，而且多限于女性。宋代观赏牡丹之外，赠花、簪花日益成俗，男女簪花已经遍布社会各阶层。赠花、簪花成为社会各阶层的雅趣。司马光曾经把牡丹花送到安乐坊的好友邵雍的家中，邵雍在《谢君实端明惠牡丹》诗中写道："霜台何处得奇葩？分送天津小隐家。初讶山妻忽惊走，寻常只惯插葵花。"御史大人从哪里得到这样奇妙的仙葩呀？还记得把它们分送给我。我那老妻没有见过世面，看见如此硕大艳丽的花，竟至于惊讶地跑到一边，因为平日里插花只有葵花啊。

与民间相比，皇家簪花可就大有讲究了。在宋初宫廷里，牡丹极为珍贵，所以，每年牡丹花开的时候，在皇宫中，除去王公勋贵，一般人得不到插戴牡丹花的荣耀，但有些受宠的皇帝近臣有时可以享受这种待遇。宋代著名的文化家族晁氏一世祖晁迥，就曾经得到"拔烛""簪花"的荣宠。晁迥早年做官是超级"窘"，但晚年时来运转，长期担任翰林学士，甚至于他的儿子晁宗悫也荣膺此任，成就了"父子翰林"的佳话。有一次，晁迥与皇帝夜谈甚久，归去的时候，皇帝命宦者拔下御前的蜡烛给他照明，是为后人津津乐道的"拔烛"隆遇。还有一次，牡丹刚进贡宫里，正赶上朝会，皇帝和几位王公大臣簪花之后，宋真宗忽然指着晁迥对宦官说："也给学士戴花。"结果，朝堂上一阵骚动，大家纷纷投来羡慕的目光，这就是所谓"簪花"的荣宠。

同样享受簪花荣宠的还有名相寇准。北宋汴京城西新郑门外，有一个可媲美唐朝曲江的金明池，依照风俗，每年春天，开封的金明池都要向百姓开放一段时间。金明池是人工湖，湖里有各种亭台，太宗皇帝也会带大臣来游春。这年春天，太宗带着寇准等人来到金明池，登上龙舟，很享受地听百姓在那里山呼万岁，当时随侍的大臣中就有正春风得意的寇准。寇准十九岁考中进士，做枢密副使的时候，还不到三十岁，等到擢拔为参知政的时候，他也才刚过三十三岁，这是史上最年轻的国家执政。此时有宫女呈上鲜花，请皇帝与大臣们佩戴，太宗挑到最夺目的一朵，戴到帽子上。然后看着寇准，忍不住说：寇准年少，正是戴花饮酒时，快给寇准簪花。于是侍者把牡丹插在寇准的纱帽上。在前呼后拥的群臣中，寇准格外显眼，一是他身上没有脱去的青春朝气，还有就是他纱帽上明丽的牡丹花朵。

今天虽没有了宋代人的插花习俗，但观赏牡丹的游客，常常将花农们制作的五彩牡丹花环戴在头上，这比宋人插花似乎更加畅情适意。

中國牡丹之都——山东菏泽

桑秋华摄影 谢孔宾题字

牡丹煎牛酥　酴醾入冰壶

　　牡丹可以赏玩，可以做成特色小吃，也可以做成茶饮。所以，饮食牡丹也是唐宋以来的时尚。牡丹的通常做法是煎食或者油炸，苏轼《雨中明庆赏牡丹》中说："明日春阴花未老，故应未忍着酥煎。"苏轼是位美食家，吃尽天下美味，当然也会"着酥煎"牡丹的。然而苏轼并不是最早食用牡丹的老饕，宋人祝穆《古今事文类聚》中就有"酥煎牡丹"条，引录了一则轶闻，称五代时蜀国兵部尚书李昊，经常在牡丹花开的时候将牡丹花数枝分送给朋友，还会同时赠以上等的牛酥油，并且嘱咐："等牡丹花将要凋谢的时候，就用酥油煎炸一下吃掉，不要让如此美丽的花遭受被遗弃的命运。"由此可见，李昊是一个惜花之人，也是比较早的牡丹美食的积极倡导者。苏轼虽然不是第一个主张食用牡丹的人，却显然是沿袭这一惜花传统的人。

　　关于牡丹可以煎食的记载，在此后的文献中仍时有记录。南宋末年的诗人方回，在他的《春晚杂兴十二首其四》中，记载了制作牡丹美食的办法："屑麦调酥慢熬火，牡丹花共菊芽煎。"明代高濂是一位养生的专家，他的《遵生八笺》也记载了牡丹花可以煎食的情形："牡丹新落，花瓣亦可煎食。"明朝王象晋《二如亭群芳谱》又举出了牡丹食品的其他制作方法："煎花，牡丹花煎法与玉兰同，可食，可蜜浸。"并称"花瓣择洗净拖面，麻油煎食至美"。清代顾仲《养小录》还记载："牡丹花瓣，汤焯可，蜜浸可，肉汁烩亦可。"从这里可以看出，牡丹的食用方法实际上多种多样。

　　南宋诗人杨万里，发明了牡丹茶饮的方法。诗友张镃给他送来了牡丹与酴醾，他高兴不已，声称自己特别喜欢以花代茶，因为它让人唇齿留香，不仅可以解酒，而且能够去热。把它们放在玉壶之中，花影翻动，美不胜收。所以，他主张"牡丹未要煎牛酥，酴醾相领入冰壶"（《张功父送牡丹，续送酴醾，且示酴醾，和以谢之》）。认为不要用牛酥煎食牡丹花瓣，还是把它与酴醾和在一起烹茶最好，当然，茶具应该是透明的玉壶。

国色朝酣酒

天香夜染衣

花开富贵

国色天香

第六章

财富·牡丹

菏泽古称曹州，牡丹栽培始于隋，兴于唐宋，盛于明，至清成为国内牡丹栽培中心，享有"曹州牡丹甲天下"的美誉。菏泽自 2010 年开始在牡丹区大规模栽植油用牡丹，自 2012 年在全市号召鼓励发展油用牡丹，并制定了相关政策和措施。2014 年菏泽调整了油用牡丹发展思路，鼓励工商资本进军牡丹产业并重新制定了 12 条推动全市牡丹产业发展的优惠政策，全市牡丹栽培面积已达 48.6 万亩。目前菏泽市拥有牡丹深加工企业 120 余家，包括 14 家牡丹籽油加工企业，生产有牡丹籽油、牡丹精油、牡丹日化品、牡丹花蕊茶、牡丹花瓣茶等 240 款产品，牡丹加工全面走上了产业化发展道路。

政府高度重视。油用牡丹具有产籽量大、含油率高、种苗资源丰富、适种范围广等优点，菏泽立足于牡丹资源丰富的优势，组织专业技术人员，联合国内 10 多所大专院校、科研院所，通过近十年的攻关研究，成功研发出牡丹籽油加工生产技术。随着牡丹籽油的成功开发，牡丹产业前景看好，已引起国家的高度重视。国家林业局 2010 年批准菏泽建设"国家牡丹高新技术产业基地"和"全国油用牡丹生产基地试点区"。国务院原副总理回良玉 2011 年在国家林业局《关于发展油用牡丹的调研报告》中批示"望予以了解，抓好试点"。习近平总书记、李克强总理等党和国家领导人，于 2013 年 3 月相继对油用牡丹产业发展做出重要批示。为落实重要批示精神，国家林业局于 2013 年 4 月 18 日在菏泽市召开了全国油用牡丹产业发展座谈会；4 月 19 日，中国林业经济学会油用牡丹经济专业委员会成立暨学术研讨会在菏泽召开。2013 年 11 月 26 日，习近平总书记在视察菏泽期间，专程到尧舜牡丹产业园，了解牡丹种植、开发情况，对牡丹产业发展给予充分肯定，并寄予厚望。山东省政府将包含牡丹在内的花卉产业列入全省十大产业之一，出台了《山东省油料产业振兴规划》，将牡丹油列为重点开发项目。菏泽市制定了牡丹产业发展规划，成立了牡丹产业化工作领导小组，把牡丹产业作为特色支柱产业来抓，制定出台了《菏泽市扶持牡丹产业发展实施办法》，建立牡丹产业化专项补贴资金，将新发展 1000 亩以上的牡丹种植基地，列为市牡丹产业化重点项目，给予银行贷款 3 年全额贴息，或每亩给予种植补贴 800 元、连补 3 年；对新上的牡丹深加工项目和牡丹籽、花瓣等材料购进的银行贷款，市财政给予一次性贷款全额贴息；对水、电、路、沟、渠、桥、涵、井等基础设施予以高标准配套。

产业科技支撑强。全市有牡丹专业科研机构 19 家，拥有高中级职称的花农 377 名，成立了中国牡丹应用研究所，组建了牡丹科技专家顾问委员会，建设了国家牡丹种质资源库（菏泽）、中国牡丹新品种测试基地，先后与 10 多家国内外高等院校、科研院所建立长期合作关系，成立了"中国牡丹应用研究所""中美牡丹生物科技研究院""油用牡丹工程技术研究中心""中科院菏泽牡丹院士工作站"，确定了近 20 项科研课题和项目。承担国家"863"项目"牡丹新品种选育与产业化开发"、国家自然科学基金"牡丹品种资源评价"等课题研究，完成国家多项科研项目，累计取得"牡丹换芽嫁接快速繁育技术""牡丹催花技术""牡丹盆栽技术"等处于国际、国内领先水平的科技成果 60 多项。特别是结合综合开发利用"牡丹全身都是宝"的科技研究，开启了发展油用牡丹、推进牡丹深加工的先河，为牡丹产业繁荣发展提供了强有力的科技支撑。与中国台湾约克贝尔公司、美国 DPI 公司、德国德之馨公司、日本三井物产等近 10 家国际知名品牌、行业领军企业和世界 500 强企业实现战略合作，在化妆品、日用化工等多个领域加强科研开发。牡丹精油、香水等已开发成功。全市拥有牡丹专利 30 余件，国际领先科研成果 10 余项，由尧舜公司主持制定的《〈牡丹籽油〉企业标准》，成为国家行业标准成功发布。相继开发出牡丹籽油、牡丹茶、牡丹日化品、牡丹营养品等系列产品 100 多个，产业链条不断拉长。完成了"油用牡丹品种筛选及规范化栽培""牡丹籽油生产工艺研究"科研项目。"牡丹籽油超临界二氧化碳萃取标准化规模化技术研究""牡丹籽粕中提取芍药苷方法的研究"两个科研项目通过山东省专家鉴定，技术水平达到国际领先。从牡丹中成功提取出了黄酮、芍药苷、牡丹酚等，申报了 3 项工艺技术专利。

　　基地规模化程度高。目前菏泽市牡丹花卉专业村 35 个，专业户 1 万余户，反季节牡丹温室催花大棚 1000 多座，年产标准化牡丹观赏种苗 1000 万株，四季催花牡丹 300 万盆，牡丹鲜切花 400 万枝，不仅畅销国内，而且远销美国、荷兰、比利时、日本、法国等 20 多个国家和地区，销售份额分别占国内的 80%、国际的 40%，新品种培育占国内的 70%，对全国牡丹种植苗木支持率达 85%，苗木出口率占国内的 80%，牡丹产业年产值 15 亿元以上，牡丹成为菏泽最为靓丽的城市名片。尧舜公司实现投资 5 亿元，牡丹籽油年生产能力达到 1 万吨，成为国家林业重点龙头企业，荣获第五届山东省省长质量奖。菏泽康普生物科技有限公司、江苏舜牌食品公司、江苏国木花油公司跨省强强联合，成立舜牌牡丹集团，2019 年销售牡丹籽油收入 3 亿元。山东花之王牡丹销售公司集牡丹文化产业、牡丹产品加工、产品销售为一体，把牡丹文化产业作为牡丹销售的引领，龙头培育初见成效，生产效益迅速攀升。

　　产品市场覆盖面广。随着牡丹籽油的成功开发，牡丹全身所含有的其他有益成分也相继被发现和开发利用。利用牡丹的花、根、叶、枝等加工提取芍药苷、牡丹酚、多糖、皂苷、黄酮类化合物等多种物质，可广泛应用于医药、食品、化妆品等多个行业。目前，牡丹食用油、牡丹茶、牡丹酒、牡丹饮品、牡丹保健品、牡丹化妆品、牡丹雕花工艺品等已批量生产，牡丹产业正在加快向医药制品、日用化工、营养保健、食品加工、餐饮服务、工艺美术、食用菌、畜牧养殖、旅游观光等众多领域延伸。目前全市上市牡丹产品达 200 多个，全国 30 个省份大型商超系统均有销售，北京、上海、广州等设有牡丹产品办事机构，牡丹产品进驻全国大型商超系统 50 多家、大型知名超市 700 多个，覆盖大中城市 60 余个，并顺利进入烟草系统"1532"渠道成功运营，电商成为牡丹产品市场重要生力军。京东、当当、苏宁易购、聚美优品、亚马逊、国美在线等 10 多个网络平台同步开售牡丹产品，牡丹籽油、牡丹花蕊茶、"牡爱"α－亚麻酸等牡丹系列保健产品走俏全国各大市场。国际上，牡丹籽油进入美国华尔道夫酒店，出口到德国德之馨公司和美国雅诗兰黛公司。全市牡丹产品上市门店 300 余家，牡丹产品市场占有率迅速提升。

　　油用牡丹的发展直接带动了观赏牡丹的兴盛，目前全市观赏牡丹九大色系、十大花型、1259 个品种，面积达 5 万亩。有曹州牡丹园、百花园、古今牡丹园、中国牡丹园、凝香园、天香园、冠宇牡丹园、盛华牡丹园等 9 个牡丹园，新增开发区菏泽牡丹园、黄堽中荷牡丹园（牡丹区）、倾城丹霞 3 个牡丹盆栽催花观赏园。2016 年菏泽市在唐山世界园艺博览会获优秀组织奖、金奖 23 项。2017 年获土耳其安塔利亚世界园艺博览会中国参展工作先进单位，同年菏泽市被评为"全国木本油料特色区域示范市"。"国色天香——紫禁城里赏牡丹"故宫菏泽牡丹展 2019 年 4 月在故宫博物院慈宁宫花园成功举办。2019 北京世界园艺博览会上荣获优秀组织奖、金银奖 30 项。

　　菏泽市规划将进一步依托骨干企业，着力实施牡丹产品深层次研发，力争到 2022 年，培育 20 家牡丹产业龙头企业，建设 20 个牡丹园林综合体，建设牡丹国际商品大市场（牡丹苗木、牡丹花卉和牡丹商品），打造牡丹"种苗繁育、花卉培植、精深加工和文化旅游"等四大产业集群，带动全市牡丹种植面积达到 100 万亩以上，鼓励农户和企业到外地发展牡丹种植，面积达到 50 万亩以上，使全市牡丹籽年综合加工能力达到 20 万吨以上，年产牡丹反季节栽培和芍药切花总量达到 4000 万盆（枝）以上，培育和引进各类牡丹高新技术企业累计达到 50 家以上，开发牡丹产品累计达到 500 种以上，形成总产值超过 500 亿元的牡丹产业，进而实现牡丹产业"12345"发展战略目标，促进牡丹产业成为区域特色明显、经济效益显著、发展持续高效、环境和谐友好、带动作用突出的新兴支柱型产业，把菏泽建设成"世界牡丹之都"。

药 用

药轩西畔花　有情开医家

牡丹不仅有观赏价值，更有重要的药用价值。而且，牡丹的药用价值体现在牡丹的花、根、籽及其衍生品牡丹籽油、牡丹籽皮以及牡丹籽粕之中，可谓全身都有药用。

牡丹根部的药用价值是最早被人们发现的，《神农本草经》把它列为中品，称其"味苦辛寒。主寒热，中风、瘪疯、痉、惊痫、邪气，除症坚、瘀血留舍肠胃，安五脏，疗痈创"。《本草纲目》中也说："（丹皮）滋阴降火，解斑毒，利咽喉，通小便血滞。"1972年在甘肃武威出土的东汉早期医简中，就记载了牡丹可以治疗血瘀病的处方，而且，该简牍中也最早使用了"牡丹"一词。作为药材使用的牡丹其实就是丹皮，丹皮是牡丹根部干燥根外皮，它肉厚、木心细、香味浓，长久保存可以不生虫、不发霉。

据现代研究表明，牡丹皮中含有牡丹酚及糖苷类成分，它们均有抗炎作用。牡丹酚还有镇静、降温、解热、镇痛、解痉等中枢抑制作用以及抗动脉粥样硬化、利尿、抗溃疡等作用。丹皮还是很多中成药重要的组成成分，著名的中成药——六味地黄丸，其重要成分中就有丹皮。这是一种被患者普遍使用的药物，服之可以滋阴补肾，治疗头晕耳鸣、腰膝酸软、遗精盗汗。此外，丹皮制成饮片泡酒也有很多保健医疗作用。丹皮主产地相对集中，主要为安徽亳州、铜陵，陕西商洛，山东菏泽，次产区则比较分散。

丹皮每年 7 月开始零星采挖产新，可延续到冬初，产新季节 8-12 月，高峰期 10-11 月。一般育苗两年后移栽，多数生长周期为 5 年（不包括育苗期），丹皮不能套种，管理可以粗放但加工难度大，比较费工费时。制成的牡丹根皮呈圆筒状、半筒状，有纵剖开的裂缝，两边向内卷曲，通常长 3-8 厘米，厚约2 毫米。外表灰褐色或紫棕色，木栓有的已脱落，呈棕红色，可见须根痕及突起的皮孔；内表面淡棕色或灰黄色，有纵细纹理及发亮的结晶状物。丹皮质硬而脆，断面不平坦或显粉状，淡黄色而微红。丹皮有特殊香气，味微苦而涩，稍有麻舌感。实用中，刮丹好于粉丹，多用于饮片，黑丹多用于药厂。

牡丹花主要含紫云英苷、牡丹花苷和蹄纹天竺苷等有机成分。中医对牡丹花的描述是：淡，平。它具有很好的补气血以及调经补血的效果，对于女性痛经、月经不调有一定的预防和治疗作用。

牡丹籽油也具有重要的药用价值，在治疗烫伤方面具有良好的效果。烫伤事故发生之后，创面多经历急性渗出期、急性感染期及修复期，因此，减少渗出、控制炎症、防止感染是临床治疗中常采用的治疗策略。实验证明，牡丹籽油能有效减轻创面水肿，促进肉芽组织增生，显著增加新生血管，加速创面结痂，促进创面愈合。牡丹籽油之所以有这种功效，主要是因为牡丹籽油中含有丰富的不饱和脂肪酸、甾醇类等不皂化成分及酚类化合物。通过这些化合物，可以减少血管通透性，减少渗出。

牡丹籽皮中提取的黄酮类物质具有显著的溶血栓效果。实验表明，以生理盐水为阴性对照，以注射用尿激酶溶液为阳性对照，用此物质及其复方进行抗凝血实验。结果表明，1毫升兔血在体外凝固后与各给药组作用，血栓变小。该黄酮类物质及其复方各剂量对于成型血栓的溶解作用与对照组相比较均有显著性差异，表明其有溶栓作用，1毫克／毫升浓度时，此黄酮类物质的血栓溶解率为62.14%，高于阳性对照尿激酶溶液在此浓度下的溶解率（57.31%）。

从牡丹榨油后的籽粕中提取牡丹种子多糖胶，提取率为28.89%，牡丹胶具有较好的抗氧化性。当浓度达到0.8毫克／毫升时对DPPH自由基的清除率为80%。在0-100毫克／毫升范围内无细胞毒性，并对伤口愈合有促进作用，是良好的医用伤口敷料原材料的选择。

油 用　胭脂熏沉水　翡翠走夜光

　　牡丹籽油，又称牡丹油，是由牡丹籽提取的木本坚果植物油，以牡丹籽仁为原料，经压榨、脱色、脱臭等工艺制成。由于制成的牡丹籽油金色透明，又具有极高的营养价值，所以，人们也称它为"液体黄金"。

　　牡丹籽油起源于山东菏泽，后来引起了党和国家领导人的重视，成为受到政府重视的新资源食品。2011 年 3 月 22 日，牡丹籽油被国家卫生部批准为新资源食品；2013 年 10 月 30 日，原国家卫生和计划生育委员会批准牡丹花为新食品原料。牡丹籽油的生产，现集中于山东、河南和陕西。

　　牡丹籽油中含有大量不饱和脂肪酸，占总脂肪酸的 90% 左右。在这些不饱和脂肪酸中，α－亚麻酸含量为 38%–43%，是牡丹籽油中含量最高的不饱和脂肪酸，总含量超过大豆油、花生油、橄榄油，超过核桃油 5 倍、玉米油 30 倍。α－亚麻酸具有非常高的降血糖、降血脂、减肥胖、预防心血管疾病、抗癌症等功能，是人体必不可少的营养物质。

　　之所以大力发展油用牡丹是由于：

　　（一）我国食用油严重缺乏。目前我国食用油进口依赖率较高，超出了国际安全警戒线且战略储备极低。2017–2019 年，我国年均食用油消耗量超过 3300 万吨，国产仅 1200 万吨左右，大多是进口的国外大豆或大豆油。油用牡丹进入盛产期后，在集约管理条件下，亩产量 300 千克左右，而牡丹籽的含油率在 20% 左右，不同压榨办法的出油率为 12%–18%，即每亩油用牡丹可出产牡丹籽油 36–54 千克。所以发展油用牡丹能在一定程度上缓解国家食用油严重缺乏局面。

　　（二）降低国民亚健康人群占比。尽管近年来随着我国经济高速发展，国民生活水平有很大提高，但由于膳食结构等众多因素的影响，我国亚健康人群占比一直居高不下，而牡丹籽油属木本植物油，不饱和脂肪酸含量高，品质好，十分有益于人体健康。

　　（三）改善农业种植结构，助力供给侧改革。油用牡丹一次种植可收益 30 年，是类似于果木的铁杆庄稼，集约管理条件下盛产期产籽量 300 千克／亩年，按公允价格 13–15 元／千克计，亩年收益 4000 元左右，经济效益明显高于一般农作物。

　　为此，国务院办公厅于 2014 年 12 月 26 日印发《关于加快木本油料产业发展的意见》，部署加快木本油料产业发展，大力增加健康优质食用植物油供给，切实维护国家粮油安全，把牡丹籽油提高到与传统木本油料同等重要的地位。该《意见》提出到 2020 年，建成 800 个油茶、核桃、油用牡丹等木本油料重点县，木本油料树种种植面积从现有的 1.2 亿亩发展到 2 亿亩，产出木本食用油 150 万吨左右。各地政府也做了规划，山东、河南、陕西、甘肃和安徽等省计划到 2020 年，使油用牡丹面积达到近 125 万公顷。可以想见，在不久的将来，牡丹籽油正在成为一般油料中的木本油料重要替代品，从而让食用油的安全得到进一步提升。

保 健 | 应同三昧色　何似九秋丹

　　牡丹的保健作用与其大量的不饱和脂肪酸含量有重大关系。牡丹籽油总不饱和脂肪酸含量 92% 以上，其中属单不饱和脂肪酸 ω−9 类的油酸占 22%；属多不饱和脂肪酸 ω−6 类的亚油酸占比 28%，ω−3 类的 α−亚麻酸占比 42%。在木本植物油中，牡丹籽油的 α−亚麻酸含量首屈一指。

　　属 ω−3 脂肪酸的 α−亚麻酸是牡丹籽油的主要成分之一，具有重要的保健作用。多不饱和脂肪酸是由 2 个或 2 个以上的不饱和键构成，人体自身不能合成，必须由食物供给的必需脂肪酸。由于不饱和键所处的位置不同，又分为 ω−3 脂肪酸和 ω−6 脂肪酸。ω−3 脂肪酸的第一个双键位于倒数第三个碳原子上，主要代表是 α−亚麻酸，牡丹籽油、亚麻籽油含量高。

　　除去大量的 α−亚麻酸之外，牡丹籽油还含有不溶于水而溶于有机物的不皂化物，如维生素 E，角鲨烯、植物甾醇等。其中，维生素 E 以及角鲨烯在牡丹籽油中的含量，比山茶油、核桃油、橄榄油都要高。这两种物质是天然的抗氧化剂，能提高人体抗氧化物歧化酶的活性，清除人体多余自由基，增强人体免疫能力，减缓衰老，抵抗癌症。植物甾醇可以通过加快胆固醇代谢，来降低人体胆固醇含量，使心血管疾病发生的概率降低，并可以用于冠状动脉粥样硬化性心脏病的预防。牡丹籽油还含有很多重要矿物质，如钙、钠、钾、镁、锌、铜等，它们对人体的健康具有重要意义。

　　牡丹花蕊是牡丹的精华部分，它包含孕育新生命的全部营养物质，有 13 大类近 300 种营养成分，且能完全被人体吸收，被营养学家们称为"营养之冠"。牡丹花蕊天然富含氨基酸（17%）、活性多糖（2%）、黄酮类化合物（0.8%）等多种成分，含稀有维生素 B$_3$ 高达 120 毫克／千克。牡丹花瓣中富含多种花色素、营养素与黄酮类化合物和多糖介质物。牡丹花蕊茶口味天然纯正，冲泡出来的茶水色泽金黄、清香绵软、淡雅可人。牡丹花瓣茶具有养血和肝散瘀祛痰的作用，适应于治疗面部黄褐斑，延缓皮肤衰老。

　　4 年生油用牡丹可开始采摘花瓣。按 3000 株／亩密度，单株牡丹开花六七朵，单朵花瓣鲜重 7 克计，每亩产牡丹鲜花瓣 140 千克左右。收购价约每千克 7 元，花瓣收入 980 元／亩年。二产加工牡丹花瓣茶，花瓣干鲜比 1:8，每亩可产干花瓣 17.5 千克。按 1000 元／千克，此项每亩毛收入 1.75 万元，除去人工、储存、运输、包装等成本费用，平均每亩牡丹花瓣茶的加工收益约 1.25 万元。

同样，4 年生油用牡丹可开始采摘花蕊。按 3000 株／亩密度，单株牡丹开花六七朵，单朵花蕊鲜重 4 克计，每亩产牡丹鲜花蕊 80 千克左右。收购价约每千克 15 元，花蕊收入 1200 元／亩年。按 4 千克鲜花蕊烘产 1 千克干花蕊计，每亩产干花蕊不低于 15 千克。干花蕊按 1500 元／千克计，平均每亩牡丹花蕊茶的加工收益 1.5 万元。

我国食用牡丹的历史悠久，最早可追溯到五代时期。到了清朝，已经出现了有关牡丹的完整食谱，清朝的《养小录》记载："牡丹花瓣，汤焯可，蜜浸可，肉汁烩亦可。"当代人们对于食用牡丹还是情有独钟的，主要是把它当作一种滋补养颜的保健品来看。目前牡丹较多的食用方式是做成牡丹糕、牡丹饼等，偶有调拌、炒烹副食。在功能性食品等方面开发了牡丹鲜花口服液、牡丹鲜花酵素等。

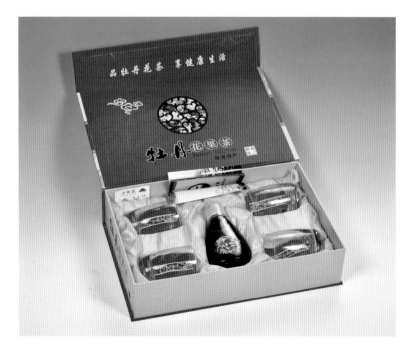

　　牡丹花美轮美奂，而由牡丹籽和牡丹花加工成的牡丹籽油、牡丹精油也具有养颜美容、散郁祛瘀的功效。科学研究发现，牡丹籽油不仅含有大量的不饱和脂肪酸，同时富含大量营养素和活性物质，而且含有角鲨烯、维生素 A、维生素 E、维生素 B_3、胡萝卜素等养颜护肤的物质。

　　去黑增白是美容的关键环节，而牡丹籽油因富含 ω-3、ω-6、ω-9 多种不饱和脂肪酸而具有明显的去黑增白作用。其主要机理一项是：人类肌肤变黑主要由于黑色素细胞活跃产生黑色素多的结果，而紫外线照射是常见因素之一。可见光波长一般在 400—760 纳米，紫外线为波长范围在 10—400 纳米的不可见光，而致黑紫外线波长一般是 320—400 纳米最强。实验表明，牡丹籽油吸收光谱高峰波段恰巧在 280—380 纳米间。另一项是：刺激黑色素细胞产生黑色素的酶是酪氨酸酶，酪氨酸酶在饱和脂肪酸的环境中非常活跃，产生黑色素多。而在不饱和脂肪酸，特别是 ω-3、ω-6 环境中被严重抑制活跃，产生黑色素少，牡丹籽油富含亚油酸、亚麻酸等 ω-3、ω-6 系列不饱和脂肪酸。除去以上的美容功效，牡丹籽油的抗氧化作用、防晒作用，也使它成为一种非常好的护肤美容的天然植物产品。

　　牡丹精油的美容养颜效果也十分突出。它含有的丰富的牡丹多酚，是超强的抗氧化剂，有益于延缓皮肤衰老，抑制色斑、老年斑，防治痤疮，明净肌肤。牡丹精油还是天然的植物荷尔蒙，可平衡女性体内荷尔蒙分泌，调节月经周期。牡丹精油还可以有效改善

人的紧张情绪，缓解压力。

牡丹精油美容护肤作用主要体现在：皮肤保湿，促进细胞的再生，强化肌肤活力，有效调节干燥和敏感肌肤，缓解肌肤压力，均衡肤色，增加皮肤弹性光泽。增强代谢，牡丹精油分子细小，能迅速渗透到血管和淋巴中，帮助血液循环，将滞留在体内的二氧化碳及沉积的物质代谢出来，具有抗菌和免疫特性，促进皮肤细胞修复与再生，令肌肤光滑细腻、白皙。紧实肤质，牡丹精油可以改善毛细血管循环，激发淋巴系统正常工作，排除毒素，增强肌肤的紧实度和人体的排毒能力，使身体曲线更加优美，抚平皮肤小细纹，使肌肤更加饱满有光泽。淡化黑眼圈，黑眼圈是由于眼部静脉血管流动过于缓慢，眼部皮肤供氧不足所造成的，用牡丹精油按摩能使其迅速渗入肌肤，促进眼部血液循环，紧致眼部肌肤，保持眼周弹性和活力，收紧眼袋，让眼睛看起来明亮动人。

牡丹精油的提取要经过十分复杂的工艺，需以盛开的牡丹花为原料，花瓣经过清洗、去杂质、提纯等多道工序后，最终提炼出来。牡丹精油的提取率非常低，提取率 0.03% 左右，低于玫瑰精油的 0.05%，所以牡丹精油更加珍贵。现代牡丹精油的研制，是在传统压榨基础上，利用超临界技术等繁杂工艺提取而成。

2014 年 6 月 30 日，原国家食品药品监督管理总局将牡丹籽油原料列入可用化妆品目录，从而为牡丹化妆品的研发、生产提供了保障。

图书在版编目（CIP）数据

中国牡丹 / 中国人民政治协商会议山东省菏泽市委员会编 . – 北京 : 中国民族
文化出版社有限公司 , 2020.10
ISBN 978-7-5122-1349-4

Ⅰ.①中… Ⅱ.①菏… Ⅲ.①牡丹－介绍－中国

Ⅳ.① S685.11

中国版本图书馆 CIP 数据核字 (2020) 第 046419 号

中国牡丹

编　　者	中国人民政治协商会议山东省菏泽市委员会
责任编辑	李　健
责任校对	李文学
出 版 者	中国民族文化出版社
地　　址	北京市东城区和平里北街 14 号　邮编 100013
联系电话	010-84250639 64211754（传真）
印　　装	北京利丰雅高长城印刷有限公司
开　　本	889mm×1194mm 1/12
印　　张	15
字　　数	100 千
版　　次	2020 年 11 月第 1 版第 1 次印刷
标准书号	ISBN 978-7-5122-1349-4
定　　价	480.00 元